U0279675

数学与人类思维

数学与人类思维

［法］大卫·吕埃勒　著

林开亮　王　兢　张海涛　译

世纪出版集团　上海科学技术出版社

世纪人文系列丛书编委会

主任

陈 昕

委员

丁荣生　王一方　王为松　毛文涛　王兴康　包南麟
叶　路　何元龙　张文杰　张英光　张晓敏　张跃进
李伟国　李远涛　李梦生　陈　和　陈　昕　郁椿德
金良年　施宏俊　胡大卫　赵月瑟　赵昌平　翁经义
郭志坤　曹维劲　渠敬东　韩卫东　彭卫国　潘　涛

出 版 说 明

　　自中西文明发生碰撞以来,百余年的中国现代文化建设即无可避免地担负起双重使命。梳理和探究西方文明的根源及脉络,已成为我们理解并提升自身要义的借镜,整理和传承中国文明的传统,更是我们实现并弘扬自身价值的根本。此二者的交汇,乃是塑造现代中国之精神品格的必由进路。世纪出版集团倾力编辑世纪人文系列丛书之宗旨亦在于此。

　　世纪人文系列丛书包含"世纪文库""世纪前沿""袖珍经典""大学经典"及"开放人文"五个界面,各成系列,相得益彰。

　　"厘清西方思想脉络,更新中国学术传统",为"世纪文库"之编辑指针。文库分为中西两大书系。中学书系由清末民初开始,全面整理中国近现代以来的学术著作,以期为今人反思现代中国的社会和精神处境铺建思考的进阶;西学书系旨在从西方文明的整体进程出发,系统译介自古希腊罗马以降的经典文献,借此展现西方思想传统的生发流变过程,从而为我们返回现代中国之核心问题奠定坚实的文本基础。与之呼应,"世纪前沿"着重关注二战以来全球范围内学术思想的重要论题与最新进展,展示各学科领域的新近成果和当代文化思潮演化的各种向度。"袖珍经典"则以相对简约的形式,收录名家大师们在体裁和风格上独具特色的经典作品,阐幽发微,意趣兼得。

遵循现代人文教育和公民教育的理念，秉承"通达民情，化育人心"的中国传统教育精神，"大学经典"依据中西文明传统的知识谱系及其价值内涵，将人类历史上具有人文内涵的经典作品编辑成为大学教育的基础读本，应时代所需，顺时势所趋，为塑造现代中国人的人文素养、公民意识和国家精神倾力尽心。"开放人文"旨在提供全景式的人文阅读平台，从文学、历史、艺术、科学等多个面向调动读者的阅读愉悦，寓学于乐，寓乐于心，为广大读者陶冶心性，培植情操。

"大学之道，在明明德，在新民，在止于至善"（《大学》）。温古知今，止于至善，是人类得以理解生命价值的人文情怀，亦是文明得以传承和发展的精神契机。欲实现中华民族的伟大复兴，必先培育中华民族的文化精神；由此，我们深知现代中国出版人的职责所在，以我之不懈努力，做一代又一代中国人的文化脊梁。

上海世纪出版集团
世纪人文系列丛书编辑委员会
2005 年 1 月

目录

中译本序

数学是人脑逻辑构造的产物。在何种程度上逻辑决定了我们所知的（代数、拓扑等）数学结构？在何种程度上这些结构又为历史传统和人脑的特殊结构所决定？这将是我们在本书中讨论的问题。哪一种数学是外星智慧可能创造的？在将来的某一天，计算机也许将创造出有趣的原创性数学，那将是什么样子的？我们偶尔会遇到传统线路以外的数学片段。

一个优美的例子是杨振宁-李政道单位圆定理，这个主题我们将在本书中的一章讨论。在已踏平的数学长路上还有多少这种珍宝？

在 1960 年代早期，我曾有幸在新泽西普林斯顿高等研究院见到杨振宁，并与他成了好朋友，在与他相处的过程中我发现他是一个睿智、洞察力敏锐的人，他往往能察人所不能察，悟人所不能悟。

本书的中译本补充了大量未出现在英文原著中的材料。特别地，林开亮等译者添加了一些注释以帮助中文读者。我希望本书将激发读者的好奇心，探索我们的大脑与逻辑实在的抽象世界之间的奇妙关系。

大卫·吕埃勒

2013 年 12 月 8 日

前言

不懂几何者不得入内

据说柏拉图在雅典学园的门口挂了一个标语牌："不懂几何者不得入内。"从很多方面讲，对那些想要理解事物本性的人来说，数学至今仍然是一个重要的准备。可是，一个人可以不必经受长久而枯燥的学习就进入数学的世界吗？是的，在某种程度上你可以做到这一点，因为那些有好奇心有修养的人（从前称为哲学家）感兴趣的并不是宽泛的专业知识。相反，旧式的哲学家（比如你和我）想要看到的是，人类思维——或者我们可以说是数学家的大脑——如何去把握数学实在。

我想在这里提供一种看待数学和数学家的观点，要能够同时吸引那些没有受过多少数学训练的门外汉和众多有数学素养的专业读者。我不打算系统地照大多数人的观点人云亦云。相反地，我将努力呈现一些前后一致的事实和意见，这些意见曾得到我相当大一部分活跃的数学同事的认可。虽然我无法期望给出全面的表述，但我将揭示出数学与数学家之间关系的诸多方面。有些方面将显得不那么令人钦佩，也许我本该避而不谈，然而我在这里强调了真实性。我也可能会因为强调了数学的形式和结构方面而被人指责，但这些方面或许正是本书的读者最感兴趣的。

人类的交流基于语言。在人类经验的背景下，我们每个人通过与其他语言使用者接触，获得并保持了交流的方法。人类语言是真理的媒介，但也会有差错，也会误导人，也会无意义。因此，比方说，在我们当前的讨论中，使用语言就需要非常谨慎。我们可以通过所用术语的显式定义来改进语言的精确性。但这个方法也有它的局限性：一个术语的定义需要用到其他术语，结果所需要的术语又需要另外定义，如此等等。然而在数学中却发现了一个可以终止这个永无止境的倒退的办法：通过在未加定义的数学术语之间假定一些逻辑关系（称为公理）而绕开了定义的应用。利用引进的数学术语和公理，就可以定义新的术语并开始构建数学理论。原则上，数学并不依赖于人类语言，它可以采取一种形式的表述，使得任何推断的有效性可以被机械地检验，而不必担心会出差错或被误导。

人类语言承载着一些像涵义或优美的概念。这些概念对我们非常重要，但很难给出一般的定义。也许我们可以期望，比起这些一般的概念，数学上的含义和优美要更容易分析。我将用一些篇章来讨论这样的问题。

一个显著的对比出现在人类思维的不可靠性与数学推理的绝对可靠性之间，也出现在人类语言的模糊性与形式数学的完全精确性之间。当然，正如柏拉图所强调的，这一点使得研习数学成为哲学家的必修课。但柏拉图认为，学习数学只是一种智力锻炼而非终极目的。

我们许多人将一致同意，对哲学家（比如你和我）来说，比起数学经验（无论它多么有价值），还有许多更有趣的事情。

本书是为具有各种数学专长（包括最低水平）的读者而写的。它的大部分内容是对数学和数学家的非专业讨论，但我也插入了少量真正的数学，有容易的，也有不那么容易的。我鼓励读者，无论你的数学基础如何，一定要尽力理解数学部分的段落，或者至少浏览一遍，而不是直接跳到其他章节。

数学有许多方面，那些涉及逻辑、代数和算术的方面是其中最困难、最专业化的。但在这些方向得到的一些结果却非常惊人，介绍起来也相对容易，而且或许最能吸引读者。因此我主要强调了这些方面。然而，我要说本人的专长是在其他领域：光滑动力系统和数学物理。因此读者将不至于惊讶于书中有一章专门讨论数学物理，展现数学是如何应用于其他方面的。这里的其他方面就是伽利略所谓的"自然之书"，他曾竭尽一生来研究它。最重要的是，如伽利略所说的，自然之书是用数学的语言写成的。

1

科学的思维

我绝大部分的日常工作都是关于数学物理的研究，所以我常常在想，数学物理到底是由怎样的认知活动所构成的？数学物理问题是怎样产生的，又是怎样解决的？科学思维的本质是什么？很多人都问过这种类型的问题。各种各样的书籍中充斥着五花八门的回答，这些书籍被贴上了如下的标签：认识论、认知科学、神经生理学、科学史等。我读过这样的一些书籍，有些感到满意，有些却感到失望。当然，这些问题本身就艰深繁难，时至今日也无人能够给出一个完美的回答。不过，我曾突发奇想，如果能对身为职业科学家的我和身边同事的工作方式加以研究，也许能促使我完善对理性思维的认识。

我认为，想要理解科学的思维，最好的方法是研究一些典型的科学实践的例子，或者干脆成为一个沉浸于研究工作的科学家。当然，这并不意味着要将学术界众所周知的内容囫囵吞枣地全盘接受下来。例如，许多数学家都信奉数学柏拉图主义（见第 8 章），而我个人则持严肃的保留意见。不过，相比于围绕数学家如何履行自身职责进行研究，然后得到千人千面的观念认识，询问职业科学家的工作方法似乎是一个更好的切入点。

当然，问问自己是如何思考的，这相当于自我反思，而自我反思是极不可靠的，这是一个非常严重的问题。我们要时常反思，自己提出的问题哪些有意义哪些无意义。物理学家知道，想要通过自我反思来了解时间的本质是无意义的，但他会很乐意解释，他是怎样来解决这类问题的（这也是自我反思）。很多情况下，有意义的问题与无意义的问题之间的差别，对于从事实际工作的科学家来说是很明显的。正是这种差别，构成了几百年来的科学方法的核心。因此，好问题和坏问题之间的差别并不是一直很明显，但科学的训练有助于提高自身的辨别能力。

谈论了那么久的自我反思，下面回过头来说说前文提及的话题：我所好奇的科学家的脑力活动，尤其是自己的脑力活动。通过与若干同事交谈，我得到了一些观点和看法①。现在我将这些观点和看法写下来，分享给读者大众。我要首先指出，我并没有提出什么最终理论。我的主要目的是，给出科学思维一个较为详细的描述：它是一件微妙而复杂的事情，并且非常吸引人。再次强调一下，我仅仅是讨论一下观点和看法，绝没有给出任何教条性的论断。这些论断会给非专业的读者留下错误印象，让人以为人类智力和我们称之为现实的东西之间的关系最终已经被清晰地阐明了。此外，武断的态度会鼓动周围的同事将原本不太确定的想法表述为肯定的终极结论。本书所论及的

---

① D. Ruelle, "The obsessions of time", *Comm. Math. Phys.* **85** (1982), 3—5; "Is our mathematics natural? The case of equilibrium statistical mechanics", *Bull. Amer. Math. Soc.* (*N. S.*) **19** (1988), 259—268; "Henri Poincaré's 'Science et Methode'", *Nature* **391** (1988), 760; "Conversations on mathematics with a visitor from outer space" in *Mathematics: Frontiers and Perspectives*, ed. V. Arnold, M. Atiyah, P. Lax, and B. Mazur, *Amer. Math. Soc.*, Providence, RI, 2000, 251—259（中译文见本书附录一）; "Mathematical Platonism reconsidered", *Nieuw Arch. Wiskd.* (5) (2000), 30—33.

内容，全部都是当下正在发生的而且很有必要讨论的事情，与其说是明确的知识，倒不如说是裹挟着经验与知识的一些看法与意见。

打过这些预防针之后，我先陈述一个难以摆脱的结论：人类科学的结构在很大程度上依赖于人脑的特殊性质和有机构造。我这里的意思并不是说外星智慧能够创造出与我们的科学完全相反的一套科学来，而是说外星智慧所理解（或感兴趣）的知识，我们也许很难去理解（或感兴趣）。这一点在后文中还将继续论述。

第二个结论是：科学方法在不同学科里有着不同的表现。对于那些同时研究数学和物理学或者同时研究物理学和生物学的学者来说，这是毫不奇怪的。主题在某种程度上规定了游戏规则，这在不同的科学领域中是不同的。即使同在数学领域内，不同的分支（例如代数与光滑动力系统）给人的感觉也大不一样。从现在开始，我将尝试着了解"数学家的大脑"，这并不是因为数学比物理学或生物学更有趣，而是因为，数学可以被视为是人类思维仅限于服从纯粹逻辑规则的产物（这一论断在后文中还将继续展开，不过对目前的目的来说已经足够了）。相比之下，物理学被限定于符合我们周围世界的物理现实（定义什么是物理现实可能是比较困难的，但它确实限制了物理学理论）。而生物学所研究的是地球上的一群经过数亿年不断进化的有机体，这确实也是一个很强的限制。

我刚才提出的两个"结论"并没有多大的价值，因为论述的语句很含糊，过于一般化。真正有趣的是，详细地了解科学是怎样获得的，以及它如何把握住事物难以捉摸的本性。我所谓的事物的本性或现实的结构就是科学。它包括数学所研究的逻辑结构和我们所在世界里的物理学结构或生物学结构。当然，根据这一点来定义现实或知识，可能是适得其反的。不过，几个世纪以来，我们关于事物本性的认识已经取得了显著的进展。然而，我要更进一步，提出第三个结论：我们称之为知识的东西总是随着时间改变的。

为了解释这个结论，我要举出牛顿的例子②。他在微积分的创立、力学、光学等方面做出的杰出贡献，使他跻身于历史上最伟大的科学家之列。然而从他遗留下的许多笔记中我们得知，他还有其他方面的兴趣：他花了很多时间进行炼金术的试验，他还根据《旧约全书》中的预言来研究历史事件的联系。

回顾牛顿的工作，我们可以很容易看出哪一部分我们可以称之为科学：他研究的微积分、力学、光学后来都得到了很大的发展，而他关于炼金术和预言的研究却没有起到什么引导作用。一旦了解炼金术士的思维方式，就不难理解炼金术为什么会失败了。他们总是希望寻找到金属、行星与其他一些我们认为是缺乏理性与经验实证的概念之间的联系。至于利用《旧约全书》的秘传来解释历史，至今仍有人这么做，不过大部分科学家明白这是无稽之谈（这一观点有统计研究的支撑）③。

3

---

② 牛顿（Issac Newton, 1643—1727），英国的学者和哲学家，因数学和理论物理上的杰出成就而被世人所铭记，不过他在诸多领域均有研究的兴趣。关于牛顿的最好的传记是由韦斯特福尔（R. S. Westfall）所撰写的 *Never at Rest: A Biography of Isaac Newton*（Cambridge University Press, Cambridge, 1980）。［韦斯特福尔 1993 年出版了 *Never at Rest* 的缩写本 *The Life of Isaac Newton*，有中译本，《牛顿传》，郭先林、尹建新、王建新译，中国对外翻译出版公司，1999 年。以下材料可供对牛顿感兴趣的读者参考：(1) 科学史家科恩（I. B. Cohen）为《科学家传记辞典》写的牛顿大条目被译成中文出版，《牛顿传》，葛显良译，科学出版社，1989 年；(2) 著名经济学家凯恩斯（J. M. Keynes）为纪念牛顿诞生 300 周年而准备的演讲稿《牛顿其人》，有中译文，郝刘祥译，《科学文化评论》2004 年第 1 卷第 1 期，网上有电子版；(3) 格雷克（James Gleick），《牛顿传》，吴铮译，高等教育出版社，2004 年；(4) 怀特（Michael White），《牛顿传：最后的炼金术士》，陈可岗译，中信出版社，辽宁教育出版社，2004 年；(5) 阿诺尔德（V. I. Arnold），《惠更斯与巴罗，牛顿与胡克》，李培廉译，高等教育出版社，2013 年。——译者注］

③ 卓思宁（Michael Drosnin）关于圣经秘传使用的著作 *The Bible Code*，再度引起了公众的兴趣（Simon and Schuster, New York, 1997）。（有中译本，《圣经密码》，杜默译，中国青年出版社，2011 年。——译者注）卓思宁的看法与牛顿的不同。他认为《旧约》经文中一些等距字母的序列中隐含了一些有意义的信息。这一观点得到了一些杰出数学家的支持，不过，总的来说，对此持否定意见的科学家还是占多数。

牛顿所做的研究中，哪些是好科学，哪些是伪科学，现代的科学家很容易区分出来。然而，为什么如此聪慧的大脑，一方面能够揭示出天体力学中隐藏的奥秘，另一方面却在别的领域完全误入歧途呢？这个问题是令人懊恼的，因为我们看出好科学是诚实的，并且由理性所引导；而伪科学常常是不诚实的，并且非理性地偏离轨道。但是，轨道是什么呢？回顾这几百年的科学史，现在我们可以看出一条清晰的科学发展之路。可是从牛顿所处的那个时代来看，这条道路是模糊不清、前途未卜的。由此可见，科学的进步并不仅仅是我们找到了许多问题的答案，也许更加重要的是，解决新问题的研究手段已经逐渐发生了变化。

随着科学的进步，我们对分辨问题之好坏与甄别解决这些问题的方法之优劣有了新的思考和认识。由此我们对身边世界的看法也有了变化，被我们称作知识的本质也随之在改变。正是因为我们看世界的视角发生了改变，所以当代科学家或者是受过教育的外行，能够站在像牛顿这样智力超群的巨人的肩膀上，这里我所说的智力超群并不仅仅是拥有更多的知识或更好的方法，还包括能够抓住事物更深层次的本质。

4

2

数学是什么

当我们谈论数学时，很有必要举出一些具体的例子。本章中列举的例子都是很简单的。对于这些专业方面的东西，读者容易不自觉地加快速度，这是应当尽力避免的。也就是说，宁缓勿急！下面我们就启程了。

下面有两个三角形 ABC 和 $A'B'C'$，假设 $|AB| = |A'B'|$（意思是 AB 的边长等于 $A'B'$ 的边长），$|BC| = |B'C'|$，而且三角形 ABC 中的 $\angle B$ 等于三角形 $A'B'C'$ 中的 $\angle B'$。

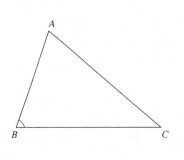
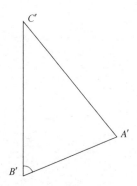

在上述假设下，可以得到的结论是这两个三角形 ABC 和 $A'B'C'$ 是完全相合的，或者说是全等的。其含义是，如果将这两个三角形画在纸上，用剪刀剪下来，然后将两者放在一起，可以使它们完全重叠（可能需要将一个三角形的背面翻转朝上，然后再将两者重合）。利用剪下来的三角形，也很容易理解等边与等角（可完全重合的两条边和两个角）的含义。

如果你对语言比较了解，再使用一点视觉上的判断，你就能够理解上述解释的语言，并且会感到非常无趣。确实，一旦你理解了其中的含义，这些结论对你来说，可能是显而易见、微不足道的。对于类似于我们上述所讨论的"几何定理"，为什么会让一些人感到非常兴奋呢？我们把上述结果再叙述一遍［三角形全等的边-角-边（SAS）判定准则］：

对于两个三角形 ABC 和 $A'B'C'$，如果有 $|AB|=|A'B'|$，$|BC|=|B'C'|$，$\angle B$ 等于 $\angle B'$，则这两个三角形全等。

同样地，下面的命题也成立［三角形全等的边-边-边（SSS）判定准则］：

对于两个三角形 ABC 和 $A'B'C'$，如果有 $|AB|=|A'B'|$，$|BC|=|B'C'|$，$|AC|=|A'C'|$，则这两个三角形全等。

事实上，从如此显然的命题出发，运用无懈可击的逻辑推理，就可以得到更加有趣的结果，比如毕达哥拉斯定理[①]（在中国又称勾股定理或商高定理）：

如果三角形 ABC 中有一个 $\angle C$ 是直角，那么就有 $|AC|^2+$

[①]　毕达哥拉斯（Pythagoras，约公元前 569—前 494），希腊哲学家，至今仍然是一个神秘的人物。关于他的数学成果以及他与毕达哥拉斯定理之间的关系，人们对此知之甚少。（可见蔡天新，《数学传奇》第一章"毕达哥拉斯之谜"，商务印书馆，2015 年。——译者注）

$|BC|^2 = |AB|^2$。

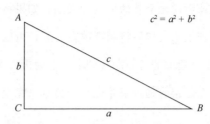

其实，这个结果的一个证明可以从下图②得到。

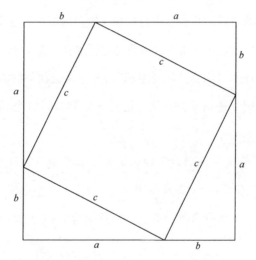

易知，图中的四个三角形是全等的，中间的四边形是一个正方形（四个角都是相等的，因此都为直角）。大正方形的面积也等于四个三角形的面积加上中间的小正方形的面积，写成数学表达式的形式就是

$$(a+b)^2 = 4 \times \frac{ab}{2} + c^2,$$

立即得到

————————

② 即著名的"弦图"，出现在中国古代数学家赵爽（约生活在公元 3 世纪）注释的《周髀算经》中。该图曾作为北京举办的 2002 年国际数学家大会的会标。——译者注

$$a^2 + b^2 = c^2.$$

毕达哥拉斯定理非常有用。例如，我们可以据此利用一段绳索来构造直角三角形。我们将一段绳索均分为 12 等份（设每一等份的长度为单位 1），在每个等分点处都做上记号，然后将绳索拉成一个三角形，三边长（勾、股、弦）分别为 3，4，5，那么长度为 3 与 4 的两条边（勾、股）之间的夹角就是一个直角（见下页图）。这个结论并不是很明显的，不过，如果根据毕达哥拉斯定理，$3^2 + 4^2 = 5^2$，就能够推断出这一结论③。古希腊人非常喜欢辩论，他们也很喜欢几何学，因为几何学为辩论提供了机会，并且能够得到一些无法反驳的结论。柏拉图认为，几何学是一门知识，而不是一堆意见。在《理想国》④ 第七卷中，柏拉图将几何学作为治理理想城邦的贤者的必修科目之一。在一次非常前卫的讨论中，柏拉图评论道：几何学是有实际用途的，但这门科目真正的重要性却体现在另一方面——"几何学无论何时都是知识，它将人类的灵魂引向真理，并且产生哲学的思想"。柏拉图这里所指的几何是平面几何学。在他所处的时代，立体几何学基本上没有什么研究进展，他本人也对于"这门复杂的科学几乎无人研究"这一事实感到遗憾⑤。

---

③ 作者在这里似乎说得太匆忙了：从勾三股四得到弦五，这是毕达哥拉斯定理的推论；但反过来从勾三股四弦五得到弦五所对的角为直角，则是毕达哥拉斯定理的逆命题。——译者注

④ 《理想国》有多个中译本，我们只介绍其中之一，王扬译注，华夏出版社，2012 年。——译者注

⑤ 令人惊讶的是，希腊哲学家柏拉图（Plato，公元前 427—前 347）的著作仍存于世，而且有一个很好的英文版本 *Plato: Complete Works* (ed. J. M. Cooper and D. S. Hutchinson, Hackett Publishing, Indianopolis, 1997)。（有中译本，《柏拉图全集》，王晓朝译，人民出版社，2003—2004 年。——译者注）当然，你阅读这些著作时，可能会不赞同他：以现代的标准来看，他的逻辑有时是有问题的，他的一些政治思想偶尔也会接近法西斯主义。不过总的来说，阅读他的著作就像是跟一个睿智、开明、和蔼的人畅谈。

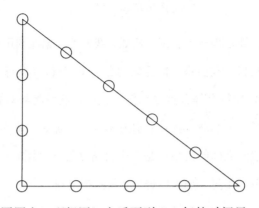

　　在柏拉图写出《理想国》之后不到 100 年的时间里，欧几里得的《几何原本》⑥（大约在公元前 300 年）出现了。这本书对几何学给出了坚实、有逻辑的表述：通过严格的推导法则联系在一起的一系列断言（称为定理）。一开始，选择性地假设一些客观正确而无须证明的断言（在现代数学中称之为公理），然后用推导法则产生出构成几何学的定理。相比于欧几里得，现代数学家对公理的构造和定理的推导似乎更加苛刻。例如，希尔伯特⑦曾表明，如果要真正严格的话，应当运用进一步的公理和更加复杂的推导来替换欧几里得（基于视图）的直观想法。不过，值得注意的是，正如欧几里得对几何学的论述一样，现代数学的表述也非常精确。

7

　　⑥　欧几里得（Euclid，约公元前 325—前 265）生活在埃及的亚历山大城，他的十三卷《几何原本》（有中译本，兰纪正、朱恩宽译，凤凰出版传媒集团，译林出版社，2011 年——译者注）是希腊数学流传于世的、最为重要的里程碑式的作品。
　　⑦　希尔伯特（David Hilbert，1862—1943），德国数学家，曾经是数学界的领袖人物。他对于欧几里得几何的一些观点体现在 1899 年出版的著作 *Grundlagen der Geometrie*（有中译本，《几何基础》，江泽涵、朱鼎勋译，北京大学出版社，2009 年——译者注）中。此外，在 1900 年巴黎举行的世界数学家大会上，希尔伯特向数学界提出了 23 个著名的未解决的问题，引领了 20 世纪数学的发展趋势。1930 年，为了表达人类追求数学的乐观态度，他写下了这样的名句：

　　　　　　Wir müssen wissen，wir werden wissen.
　　　　　　（我们必须知道，我们必将知道。）

不过，哥德尔（K. Gödel，1906—1978）（见下一款注释）在 1931 年发表的论文指出，我们所知的必定是有限的。

我再重复一下。数学由很多论断组成，例如前文提到的三角形全等的判定定理和毕达哥拉斯定理，它们之间由非常严格的逻辑推导相联系。假如你有一些初始的论断，并且假定它们都是正确的（称为公理），然后可以根据一套推导法则，从而得到更多的正确论断（称为定理）。推导法则构成数学的逻辑体系，公理包含了你所感兴趣的研究对象（在几何学中，可能是点、线段、角等）的基本性质。推导法则的选择有一定灵活性，而公理的选择也可以有多种可能。对于做数学研究来说，一旦这些都确定下来，你就万事俱备了。

有时会发生一件可怕的事情——你得到了一个悖论，也就是说，你证明了某个断言既是正确的又是错误的。这是非常令人担忧的，因为哥德尔⑧曾经表明，任何一套公理系统都会得到一些悖论，这是不可避免的。不过，客观地说，哥德尔的定理并没有让数学家寝食难安。我的意思是，大部分数学家的日常工作并没有被哥德尔的结论所扰乱：他们的研究一般不会突然冒出一个悖论来。我们暂且不考虑悖论的话题，看看数学家通常所做的"真正"的数学。

数学家所做的数学并不是简单地堆砌由公理出发、经逻辑推导而得到的各种断言。如此得到的断言大多数毫无价值，即使它们是完全正确的。一个优秀的数学家会寻找一些有趣的结果。这些有趣的结果或定理，自身会构成一些有意义的、自然的结构，你可以说，数学家的目标就是要寻找和研究这些结构。

不过，这里应该提醒读者，我是遵循了大多数数学家的观点：数学自身会构成一个有意义的、自然的结构。然而，为什么如此？这又

8

---

⑧ 哥德尔是出生于奥地利的数学家和逻辑学家，他证明了数学的逻辑结构中存在着一些令人惊讶的结果。哥德尔不完备性定理发表于 1931 年，该定理指出，任何不太简单的数学公理系统都存在着不能证明其真伪的命题。特别地，公理的相容性不能被证明。

意味着什么？这都是很难回答的问题。我们将在下一章和后续章节中讨论。在此之前，我们需要先看一看语言在数学中发挥的作用。

当我说"考虑两个三角形 ABC 和 $A'B'C'$，假设有 $|AB|=|A'B'|$，$|BC|=|B'C'|$"时，从某种程度上讲，我在使用自然语言。而我想表达的不是数学家说话没有文采，而是他们本质上在使用语言。数学工作是使用某一种自然语言（例如古希腊语、英语或汉语）并且辅以一些数学符号和专业术语进行表述的。我们曾经提到过，数学由一些断言构成，而断言之间由非常严格的推导法则相联系。现在我们又看到，断言和推导是用某种自然语言描述的，而自然语言并不遵循严格的法则。当然，存在着语法上的规则，但它们如此杂乱而模糊，以至于很难利用电脑将一种自然语言翻译成另一种语言。难道数学的发展必须要依赖于一门结构严谨、易于理解的自然语言吗？如果是这样，那就真是太糟糕了。

走出这个困境的一个方法是，要表明，在原则上我们可以不需要任何一门自然语言，如英语。事实上，你可以将数学表述成对形式符号表达（即"公式"）的操作，而操作法则是绝对严格的，并且那种出现在自然语言中的模糊性完全消失了。换句话说，原则上我们可以给出数学的一个完全形式化的描述。为什么仅仅停留在原则上而不是事实上呢？因为形式化的数学非常笨拙且难以理解，而且在实际中不容易操作。

因此，现在我们可以说，数学家研究的数学，并非自行写成的形式化文本，数学家使用了自然语言、公式和专业术语。数学家当然也可以写出完全形式化的文本——这句话字面上当然是令人信服的，但没有人会真正这么做。事实上，对于一些有趣的数学，形式化的文本实在是过于无聊冗长了，即使是人类数学家也难以理解。

9

因此，在数学文本中，出现了一个永恒的冲突：一方面需要在形式化的风格下做严厉苛刻的要求，另一方面需要在非形式化的阐述下使用有表现力的自然语言以便文本易于理解。这里，有一些技巧可以平衡这个冲突。一个重要的技巧是定义的使用：用一个简单的短语（例如正十二面体）来代替一个复杂的描述（正十二面体是三维空间中的多面体，它有 12 个面），或者用一个简单的符号来代替一个复杂的公式表达（比方说求和号 $\sum$ 与微积分中的定积分符号 $\int$）。另一个技巧就是使用关键词使表达变得简洁，但要同时保证不至于产生麻烦和问题⑨。我想指出一点，若是完全形式化的文本，我们可以用机械的方法来验证其正确性，例如用计算机。但是对于一般的数学文本来说，只能在某种程度上依靠不太保险的人类数学家的智力了。

不同的数学家有不同的表达思想的方式。最好的风格是简洁、优雅、漂亮。我们在这里举出近代的两个例子，塞尔的《数论教程》⑩与斯梅尔的综述文章《微分动力系统》⑪。两者的风格很不相同：塞尔更形式化一些，斯梅尔则没那么形式化。斯梅尔用徒手画的图形来解释数学结构，但塞尔从来不这么做。尽管两者的风格不同，但大部分数学家都认为，塞尔的书和斯梅尔的文章皆是数学阐述中的杰作。　10

---

⑨　例如，数学家在用到一个带紧性（见第 14 章注释⑥）条件的定理时，简写为"根据紧性有……"。——译者注

⑩　J. P. Serre, *Cours d'arithmétique*, Presses Universitaires de France, Paris, 1970. 英文版是 *A course in Arithmetic* (Springer, Berlin, 1973)。[有中译本，《数论教程》，冯克勤译，高等教育出版社，2007。塞尔（Jean-Pierre Serre，1926—　），法国数学家，他因文风清新优雅、工作博大精深而享有"数学家中的莫扎特"之美誉。——译者注]

⑪　S. Smale, "Differentiable dynamical systems", *Bull. Amer. Math. Soc.* **73** (1967)，747—817. 斯梅尔（Stephen Smale，1930—　），美国数学家。

$$3$$

埃朗根纲领

如果能精确地定义一套公理和逻辑推导规则，那么你就有了研究数学所需要的全部材料。但是，数学并不仅仅是从公理推导出来的一大套陈述。大部分数学家都承认，好的数学包含了有趣的论述，是有意义的，是按着自然的结构组织的。"有趣的论述""意义""自然的结构"这些概念需要解释。虽然这些概念不容易准确定义，但是数学家认为它们很重要，因此我们不得不试图理解它们。人们对精确定义自然的数学结构进行过各种尝试。我们将集中讨论这个概念。事实上，一些数学家坚持认为有趣的或者有意义的论述就是那些与自然结构相关的论述，但是其他数学家不同意。在对数学结构有了一定了解之后，我们将回到这个问题。

1872年，克莱因①在埃朗根发表了著名的就职演讲，提出了几何

---

① 克莱因（Felix Klein，1849—1925），德国数学家，对几何学做出了基本的贡献。（克莱因的埃朗根纲领有李培廉的中译本，收入《Klein 数学讲座》，克莱因著，陈光还、徐佩译，高等教育出版社，2013年。）

学中自然结构的概念——这个演讲现在被称为"埃朗根纲领"。为了讨论克莱因的观点，我们需要做一点数学，事实上，是几何学。一般来说，我们应该按照公理、定理和证明的顺序进行，但是我不想假定读者具备专业的数学训练，因此我将采用在《几何原本》成书之前的古希腊人所使用的方法。我需要读者专注于图形并做简单的推导（或者承认我的论述）。你要把自己想象为古希腊时代的一个哲学家。要是你去柏拉图的学园聆听大师论坛，你会看到一个标语牌"不懂几何者不得入内"，不过你不要怕，尽管往前走。

为了理解克莱因的想法，我们先看看平面欧几里得几何的例子，11这些我们在第 2 章已经讨论过。我们称平面为欧几里得几何的空间，并且有全等的概念。两个图形，如果其中一个能移动到另一个上面使之完全重合，则称它们是全等或者相合的。移动过程需要保持任意两点间的距离不变，即必须是刚体运动。刚体运动（或全等）完全刻画了欧几里得几何。在欧几里得几何中，可以讨论直线、平行线、线段的中点、正方形等。欧几里得几何对我们来说很自然，但是我们将看到，平面内还有其他有趣的几何。

如果仅仅保留直线和平行线的概念，而舍弃距离或者角度的概念，我们就得到了仿射几何。这里，除了刚体运动，我们也允许拉长和缩短距离。与全等对应，我们有仿射变换。正方形在刚体运动中保持同样的大小，只不过方向有所不同。但是在仿射变换作用下，一个正方形可以变成一个平行四边形。（平面）仿射几何是由空间（即通常的平面）和仿射变换定义的。在仿射几何中，虽然线段的长度没有意义，但线段中点的概念仍然有意义。这是因为，如果两条平行线被12其他平行线所截，则所截取的线段被称为是相等的，如下页中图所示（如果 $A'A$ 平行于 $B'B$，并且 $A'B$ 平行于 $B'C$，那么 B 是 AC 的中点）。

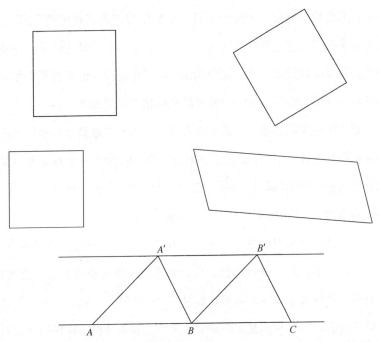

另一种几何是射影几何。射影几何很自然地出现在透视图的研究中。事实上，若你有一个正方形的桌子（下左图），则它的投影图看起来像下图右边所示（桌腿没有画出）：注意到桌子的平行边经过投影之后不再平行了。此处一个自然的想法是，称那些平行线相交于无穷远处。于是，在这个图中，无穷远点变成了平面内的普通点。

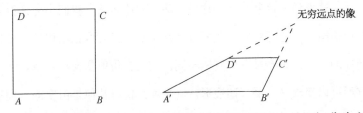

在射影几何中，包含平面内的普通点和无穷远点的空间称为射影平面。在此种几何学中，欧几里得几何中的全等变换（或刚体运动）被射影变换取代。射影变换的作用正如在透视图中显示出的：直线仍然是直线，但是平行关系不再保持。如果桌子上有一个图画，你在屏幕上给出这个图画正确的透视图，那么你已经建立了桌子所在平面和屏幕所在平面的射影变换。如果桌子上的点 P 在屏幕上表示为 P'，我们称射影变换将 P 映为 P'。正如我们注意到的，射影变换可以将无穷远点变为普通点，也可以将普通点变为无穷远点。

在射影几何中，线段的中点不再是一个合理的概念，但交比的概念是合理的。考虑一条直线上的四个点 A, B, C, D，用 a, b, c, d 表示这些点到一个点 O 的距离，$+$ 表示在 O 的右侧，$-$ 表示在 O 的左侧。（如此一来，a, b, c, d 可以取正数、负数和零。）量 $(A, B; C, D)$ 表示

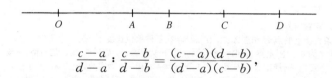

$$\frac{c-a}{d-a} : \frac{c-b}{d-b} = \frac{(c-a)(d-b)}{(d-a)(c-b)},$$

称为 A, B, C, D 的交比（交比不依赖于基点 O 的选择，也不依赖于正向的选择）。射影变换不改变交比，即如果射影变换将 A, B, C, D 映射到 A', B', C', D'，那么 $(A', B'; C', D') = (A, B; C, D)$。我们也可以定义经过同一点 P 的四条直线 PA, PB, PC, PD 的交比。如图所示，四条直线 PA, PB, PC, PD 的交比定义为 A, B, C, D 的交比（利用 A', B', C', D' 将给出同样的结果）。

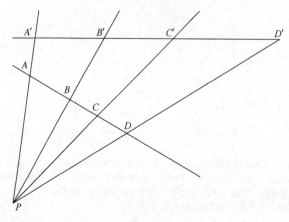

虽然我们的讨论已经超出柏拉图那个时代的研究范围，但他应该能够理解这些想法。下面我们借助复数简略讨论一些本质上与希腊数学不同的东西。如果你不熟悉复数，可以先看看注释②。柏拉图也许对下面一段感到痛苦，可能你也会如此，但无论如何，请你不要止步。

复数可以看作是复平面内的点。复射影直线包含复平面内的点和一个额外的无穷远点。注意到复射影直线其实是一个平面，包含通常的直线和圆周。存在着一类复射影变换，它将移动复射影直线内的点。具体来说，点 z 被映射到点 z'：

----

② 实数与复数。

一条直线上的点 O 和点 X 之间的距离（在某种单位长度下）是一个正数 d（如果 X 和 O 重合，则 d 为 0）。固定点 O，则 X 的符号按如下规则确定：如果 X 在 O 的右侧，则规定 X 的符号为 $+$；反之，则规定 X 的符号为 $-$。我们称 $+d$ 和 $-d$ 为实数，记为 x：它可能是正的、负的或零。因此，一旦你选定了原点 O、单位长度和 O 的右侧与左侧，实数 x 在直线上的位置就完全确定了。

左 ←———————|———————|————————→ 右
                  O X

一个复数是形如 $x+\mathrm{i}y$ 的表达式，这里 x 和 y 是实数，i 是一个新引进的记号。这里假定 i 与自身相乘（即 i^2）等于 -1。$x+\mathrm{i}y=0$ 意味着 x 和 y 同时为 0。你可以对复数进行加、减和乘运算（乘法要用到 $\mathrm{i}^2=-1$）。如果 $x+\mathrm{i}y\neq0$，那么 $x+\mathrm{i}y$ 也可以做除数，事实上，

$$\frac{1}{x+\mathrm{i}y}=\frac{x}{x^2+y^2}-\mathrm{i}\frac{y}{x^2+y^2}.$$

现在在平面内画两条互相垂直的直线，我们称之为 x 轴和 y 轴，交于点 O，如下图所示。

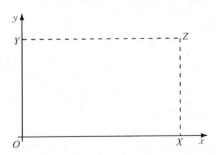

过一个点 Z 作 Ox 的垂线 ZX，垂足为 X，作 Oy 的垂线 ZY，垂足为 Y。根据 X 在 O 的右侧还是左侧，确定 X 到 O 点的距离 x 的正负；同理，根据 Y 在 O 的上方还是下方，确定 Y 到 O 点的距离 y 的正负。用这种方式，我们可以将平面内的点 Z 与复数 $z=x+\mathrm{i}y$ 一一对应。换言之，我们可以把复数看作是平面（复平面）内的点。

$$z' = \frac{pz + q}{rz + s}.$$

其中 p, q, r, s 是复数,并且 $ps - qr \neq 0$。复射影变换将圆周映射为圆周(附加无穷远点的直线也被认为是圆周)。四个点(复数)a, b, c, d 的交比定义如下:

$$(a, b; c, d) = \frac{c - a}{d - a} : \frac{c - b}{d - b}.$$

一般来说,交比是复数,但如果 a, b, c, d 四点共圆,那么交比为实数(相反的事实也成立,即交比为实数的四个点一定共圆)。如果射影变换将 a, b, c, d 映射为 a', b', c', d',那么 $(a, b; c, d) = (a', b'; c', d')$。换言之,射影变换保持交比不变。(鼓励读者去验证这个事实。利用我所给出的定义,这只是一个简单的计算。)

现在回顾一下我们的论述。我们引入了几种不同的几何,每种几何都对应某个空间与一类选定的变换。在我们所讨论的情形,这些空间是平面(有时要附加无穷远点)。但是,选择平面作为几何空间仅仅是为了形象化,也可以使用其他空间[比如说,三维空间(甚至爱因斯坦的四维时空)]。在数学中,词语空间和集合几乎是等价的——空间意味着许多"点",集合意味着许多"元素"。一个变换将空间 S 中的点映射为 S' 中的点(通常取 $S' = S$ 为同一个集合)。克莱因的想法是,用一个空间和一族变换来定义几何。

引入不同的几何可以让我们对各个几何定理归类。作为例子,考虑下述德萨格[③]定理:

[③] 德萨格(Girard Desargues, 1591—1661),法国数学家,射影几何学的奠基人之一。德萨格定理是射影几何中最简单的同时也是最重要的一个定理。关于该定理的一个证明,可见希尔伯特与康福森(Stephan Cohn-Vossen, 1902—1936)合著的《直观几何》上册第 106—107 页,王联芳译,高等教育出版社,2013 年。——译者注

设三角形 ABC 和 $A'B'C'$ 满足 AA'，BB'，CC' 交于同一点 P。若 AB，$A'B'$ 交于点 Q，BC，$B'C'$ 交于点 R，CA，$C'A'$ 交于 S，则 Q，R，S 三点共线。

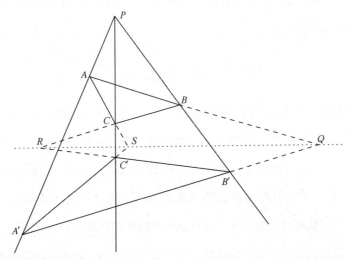

这个定理对应于哪一种几何？定理中谈论的是直线，没有提到平行线和圆周，因此一个合理的猜测是，德萨格定理属于射影几何。射影几何与透视问题相关。事实上，德萨格定理可以从透视的角度理解。将 ABC 和 $A'B'C'$ 理解为三维空间中的三角形。考虑以 P 为顶点，ABC 和 $A'B'C'$ 为两个剖面的锥。包含 ABC 和 $A'B'C'$ 的平面一定与一个包含 Q，R，S 的直线相交，因此存在一条通过 Q，R，S 的直线——这也就是德萨格定理的结论。

也许正是从这个角度看，你所感受到的更多的是几何，而不是定理的严谨证明。这里有一些思想，这些思想柏拉图也可以理解。

16

4

数学及其形态

现在我们能够区分欧几里得几何、仿射几何与射影几何，于是可以将已知的几何知识对应地分类。例如，我们知道德萨格定理属于射影几何，而毕达哥拉斯定理则属于欧几里得几何，因为它涉及三角形一边的长度概念。对于一般的科学家来说，分类是产生成就感的源泉，对数学家来说更是如此。分类也是非常有用的：如果要研究欧几里得几何中的一个问题，你可以使用一些工具，如全等三角形、毕达哥拉斯定理等；如果要研究射影几何中的一个问题，你可以使用另外一些工具，如射影变换及其保持交比不变的事实。使用正确的工具和技巧，问题可能会变得很简单；反之，如果选择了错误的工具和技巧，问题会变得复杂。职业数学家经常经历这样的事情，并且相信克莱因揭示了这个隐藏的数学事实：有几种不同类型的几何，并且弄清楚所考虑的具体问题究竟属于哪一种几何至关重要。

为了让你信服埃朗根纲领是一种非常有用的数学形态，我现在打算讨论下面这个困难的问题：

蝴蝶定理:画一个圆以及一条弦 AB,其中点为 M。在图中,过 M 作出两条弦 PQ 和 RS。最后,连接 PS 和 RQ,分别交线段 AB 于 U 和 V。则 M 必定为线段 UV 的中点。

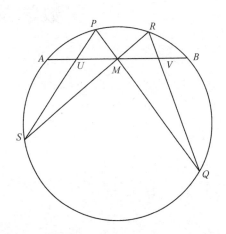

17 注意到蝴蝶形状的四边形 $PSRQ$ 一般不是对称的。如果你具有一些初等几何的知识,我建议你在继续阅读之前,最好先自己尝试一下,拿出笔和纸来作图思考。

让我来解释一下,职业数学家并不会认为这是一个非常困难的问题。其难度与费马大定理(将在第 6 章讨论)不能相提并论。事实上,它看起来似乎只是初等欧几里得几何中的一个简单问题。有读者注意到了 $\angle S$ 等于 $\angle Q$,于是就尝试利用第 2 章介绍的全等三角形的标准结果。有人则可能会构造一些辅助线,比如垂线、角平分线等。但是,他们也许都无法证明这个结论。于是疑问产生了:M 真的是线段 UV 的中点吗?(事实上,它确实是中点。)在这种情况下,一个近乎明智的做法就是认输放弃〔我是一个最明智的人,所以当我的同事瓦尔迪(I. Vardi)给我这个题目,而我不能轻松解决时,我就放弃了〕。如果你确实想攻克这个问题,那么现在你有两个选择。

(1)使用强硬的方法。事实上,对于初等几何问题,总是可以采用解析几何的方法，通过引入坐标系（以后将会看到），写出相关曲线的方程，将问题转化为检验某些代数等式。这个方法是由笛卡儿发明的[①]。它很有效但很笨拙。其解法通常需要很多步骤，一点也不优美。有些数学家认为这个方法让你一无所获：你无法真正理解你所解决的问题的要点所在。

（2）寻找一个更好的想法让问题变得比较简单。大部分数学家都比较偏爱这种方法。

在这里，一个敏锐的观察是，要认识到蝴蝶定理其实是属于射影几何而不是欧几里得几何的范畴。诚然，圆是欧几里得几何的研究对象，不过它也自然出现在复射影直线的几何中。的确，中点的概念来自欧几里得几何或仿射几何，不过它其实只是一个比值概念，可以用交比的概念来表述。

18

让我简要介绍一下蝴蝶定理的（射影几何）证明。你想进一步完善证明的细节，或者仅满足于了解大体的证明思想，都是可以的。设点 A, B, P, R 等都为复数。由于 A, B, P, R 都在圆上，交比 $(A, B; P, R)$ 是实数。将复平面的原点设定在 S，那么点 $A' = 1/A$，$B' = 1/B$，$P' = 1/P$，$R' = 1/R$ 在一条直线上，而且有

$$(A, B; P, R) = (A', B'; P', R').$$

这是直线 SA'，SB'，SP'，SR' 的交比[②]，即等于（反射得到的）直线 SA，SB，SP，SR 的交比，也等于（与 AB 相交产生的）点 $A, B, U,$

---

① 在第 3 章注释②，我们已经看到了如何用两个实数 x, y 来确定平面上一个点 Z 的位置。类似地，三维空间中的一个点可以用三个数来表示。这一思想是由法国哲学家、数学家笛卡儿（René Descartes, 1596—1650）提出的。据此，数学家可以将代数转化为几何。这种方法（即解析几何的方法）已经成为几何和数学的一种基本方法。（特别值得一提的是，中国数学家吴文俊开创的数学机械化将这个方法发扬光大。——译者注）

② 这里我们简单地将一维复射影几何转化为二维实几何。此外，相比于一维复射影几何，一些数学家更喜欢使用二维共形几何，不过两者本质上是一回事。

M 的交比。于是有

$$(A, B; P, R) = (A, B; U, M).$$

以 Q 为原点，运用完全类似的分析方法，得到

$$(A, B; P, R) = (A, B; M, V),$$

因此有

$$(A, B; U, M) = (A, B; M, V),$$

也就是

$$\frac{U-A}{M-A} : \frac{U-B}{M-B} = \frac{M-A}{V-A} : \frac{M-B}{V-B}.$$

如果 M 是 AB 的中点，那么 $M = (A+B)/2$，上式可以进行简化，得到

$$(U-A)(V-A) = (U-B)(V-B),$$

展开后进行重新组合，得到

$$(B-A)(U+V) = B^2 - A^2,$$

两边除以 $B-A$ 得到

$$U+V = A+B.$$

19 这说明，线段 UV 的中点是

$$\frac{U+V}{2} = \frac{A+B}{2} = M.$$

结论得证。

因此我们看到，一旦认识到这个困难的几何问题其实是属于射影几何而不是欧几里得几何，我们就可以给出一个自然而又漂亮的证明。这个例子和其他许多例子一起表明，数学中存在着自然的结构，恰如柏拉图曾设想的纯粹思想和结构，但这些自然结构并不容易看出来。因此，数学家进入了自然结构的优美世界，按柏拉图的描述，就

好像是哲学家到达了纯粹思想的光辉世界。事实上，柏拉图认为哲学家必须也要是几何学家。今天的数学家正是古希腊哲学-几何学家的传人。他们进入了同一个纯粹形式的世界里，永恒而又宁静，与神明一起分享着世界的美妙。这种对于数学的观点被称作是数学柏拉图主义（具体阐述见第8章）。在某些程度上，这种思想在数学家之间还是比较流行的。此外，它还将数学置于公共道德的标准之上。不过，数学柏拉图主义不能不加批判地全盘接受，我们将在后文中花一些篇幅来论述这个问题。

这里，有一个令人震惊的问题需要讨论：为什么我们的蝴蝶定理会出现在"反犹太人问题"的清单上？故事的背景发生在苏联，时间是20世纪七八十年代。大家知道，苏联在许多科学领域上是很突出的，尤其是数学和理论物理。科学上的杰出成就获得了苏联政府的奖励，而且尽管执政路线多有曲折，但相比于社会生活的其他方面，它对科学发展的影响还是较小的。科学家在某种程度上得到了保护。但是渐渐地，这种情况改变了。特别是，他们限制犹太人和其他一些少数民族学生进入重点大学（尤其是莫斯科大学）。这一政策是不成文的，也没有公开，实施的方法是有选择性地让一些不想招收的候选学生难以通过入学考试。具体的一些细节可以参考维其克（Anatoly Vershik）与舍恩（Alexander Shen）各自的文章③，他们在文章中提 20

---

③ A. Vershik, "Admission to the mathematics faculty in Russia in the 1970s and 1980s", *Mathematical Intelligencer*, **16** (1994)，4—5；A. Shen, "Entrance examinations to the Mekhmat", *Mathematical Intelligencer* 16 (1994)，6—10. 这些文章和一篇研究入学考试数学问题集的文章（作者是瓦尔迪和其他一些人）一起重印了。它们合并成一卷，名字叫作 *You Failed Your Math Test*, *Comrade Einstein* (ed. M. Shifman, World Scientific, Singapore, 2005)。［另外可以参见一下两篇文章：M. Saul, "Kerosinka: An Episode in the History of Soviet Mathematics", *Notices of the American Mathematical Society*, **46** (November 1999)，1217—1220. 有中译文，《Kerosinka：苏联数学史上的一个插曲》，宿慧彦译，《数学译林》2000年第3期。Edward Frenkel, *Love & Math: The Heart of Hidden Reality*, (Basic Books, 2013) 第三章 "The Fifth problem: math & anti-Semitism in the Soviet Union"，有电子版：http://www.newcriterion.com/articles.cfm/The-Fifth-problem-math-anti-Semitism-in-the-Soviet-Union-7446. ——译者注］

供了一张"谋杀问题"的清单，它们就是专门用来让那些被认为是种族或政治倾向有问题的学生落选的。蝴蝶定理的证明赫然在列。现在读者当然知道个中原因了：想用常规的方法来解决这个问题，很可能徒劳无功。不过也确实有一个相对较为简单的方法（即上文的射影几何证明），可以被一个老道的数学家最终找到。但是，倘若要一个参加大学入学考试的中学生在有限的时间内破解这个问题，其结果可想而知。

我曾经与一些来自俄罗斯的同事（现在大部分移民到西方了）探讨过苏联的政策。有一名同事告诉我：虽然他在入学考试中给出了正确的答案，但仍然没有被允许进入莫斯科大学；他当时感到悲哀而不是愤怒。他如今在美国是一位非常成功的数学家，但还有其他许多人，他们的生活被这个体制扭曲或毁掉了。另一位同事说："尽管这一种族歧视的现象是一个悲剧，但它只是一些个案，与周围更大的悲剧相比，它还算是比较小的。"事实上，根据官方数字，古拉格集中营里有 1 600 万人过劳至死，这是更严重的悲剧④。不过，即使你认为它是一件小事，利用数学来进行种族或者政治歧视，对数学家来说还是难以接受的。真正的数学家会认为，在由各种形式、美感、纯粹的思想组成的和平世界里生活才是数学。但在这里，数学却充当了一种压迫和排挤工具。

当然，现在的俄罗斯，情况已有所好转。在同一篇文章中，维其

---

④ 根据阿普勒鲍姆（Anne Applebaum）的著作《古拉格：一段历史》（戴大洪译，山西人民出版社，新星出版社，2013 年）中之叙述，"古拉格"是苏联内务部的分支部门，执行劳改、扣留等职务。其实，古拉格不只是劳改营管理，也意味着各种形式的迫害。学数学出身的苏联作家索尔仁尼琴（Aleksandr Isayevich Solzhenitsyn，1918—2008，1970 年诺贝尔文学奖得主）曾在《古拉格群岛》（田大畏、陈汉章译，北京，群众出版社，2006年）中描写了古拉格集中营内刑讯逼供、道德沦丧、集体流放、超强劳动等惨状，控诉了当局的暴行。——译者注

克提到，之前歧视少数民族的一些大学的行政人员，突然又变成了热
情的民主主义者，开始组织犹太文化性质或其他类似的晚会。一些在
西方工作的同事对这一突然转变也感到欣喜。

为什么我要将原先讨论数学的话题转到这一特殊的政治问题上
呢？我既不是犹太人，也不是俄国人，而苏联也早已解体。并且现
在，一些其他人群的困境比当年苏联犹太人的问题更为迫切。所以，
难道我不应该将这一政治丑闻放在一边，专注于讨论柏拉图形式世界
的优美吗？事实是，尽管在科学中，政治和道德的因素并非我们关心
的主要问题，但它们不可以完全被忽略掉。我发现，科学家一般都愿
意组成一个优秀的研究团队，至于团队中某些人品格低劣、弄虚作   21
假，这好像并不是什么大问题⑤。有时我会被某位同事的道德力量所
打动，有时又会因为另一位同事的道德缺陷而感到不痛快。有的人会
说，道德问题并不是科学的一部分。不过，由于科学范围之外的一些
原因排斥或压制某些科学家，可能会产生更为深远的后果。在第7章
我们将会遇到这种不幸的例子。   22

---

⑤ 拙荆认为，相比于社会上的其他行业，数学家中品格低劣、弄虚作假的人要更少一
些，不过风趣的人同样也更少一些！［也许有某种原因，恰如法国数学家韦伊（André
Weil）说的"严格性之于数学家，犹如道德之于人"，数学家饱受严格证明的洗礼，在道
德上不自觉地形成了严于律己的作风。——译者注］

5

数学的统一性

我们已经看到几何学是如何发展的：从一系列公理和推导法则出发，可以证明一个又一个定理。不过，在数学中除了几何学还有更多的东西。例如，算术（即我们通常所谓的数论）：我们首先从 1, 2, 3, 4 开始，称之为（正）整数。有了整数就可以求和，$7+7+7=21$；求积，$3×7=21$。可以定义素数（这些整数除了 1 和它自身之外，没有其他的因子），例如 2, 3, 5, 7, 11, ⋯, 137 等；我们也知道 21 不是素数。欧几里得已经证明了，素数有无穷多个（欧几里得的证明将在第 12 章给出）。不过，对于素数，数学家至今仍有许多未能解答的问题[①]。

出现在几何中的一些数，有整数之外的分数，如 1/2, 1/3 等；

[①] 一个例子是黎曼假设，它是由德国数学家黎曼（Bernhard Riemann, 1826—1866）提出的，关于大素数分布的著名猜想。由于其工作的深度和广度，黎曼一直被认为是历史上最伟大的数学家之一，尽管他只活了不到 40 岁。证明黎曼假设是希尔伯特在 1900 年提出的 23 个问题中的第 8 个的一部分（在 2000 年时又被美国 Clay 数学研究所列入 7 个千禧问题）。——译者注

还有分数之外的实数，比如 $\sqrt{2} = 1.41421\cdots$ 或 $\pi = 3.1415926\cdots$。这里 $\sqrt{2}$ 是边长为 1 的正方形的对角线长度，欧几里得（甚至毕达哥拉斯）就已经知道了 $\sqrt{2}$ 不是分数（证明可见第 15 章）。而 π 是直径为 1 的圆的周长（也就是圆周率）；一个近代（18 世纪）结果是，π 不是分数[2]。

我可以轻而易举地继续展开，讲讲数学历史上的一些奇闻轶事。例如，如何能够证明一些不可思议的公式，比如[3]

$$1 + \frac{1}{2^2} + \frac{1}{3^2} + \frac{1}{4^2} + \cdots = \frac{\pi^2}{6}$$

等。不过这并不是我的目的所在[4]。我刚才所论述的内容指出了数学发展中两种基本的趋势：多样化和统一化。

多样化的形成是比较容易理解的：每个人都可以设定一些新的公理系统，然后获得一些定理，形成数学上的一个分支。当然，要尽可能避免公理系统中出现矛盾。对于数学家来说，某些公理系统要显得更为有趣一些。不过，数学有很多的分支：几何，先前我们已经讨论过；算术，处理整数及相关问题；分析，其基础是牛顿和莱布尼茨创立的微积分[5]。还有一些更抽象的科目，如集合论、拓扑学、代数学等。数学看似已经被划分为了一大堆不太相关的科目。

23

---

② 这一点由瑞士数学家兰伯特（J. H. Lambert, 1728—1777）于 1761 年首先证明，这个证明在 1997 年为拉茨科维奇（Miklós Laczkovich）所简化。一个归功于尼文（Ivan Niven）（1947 年）的简单证明可见《数学天书中的证明》一书（见第 8 章注释⑥）第 7 章。——译者注

③ 出生于瑞士的大数学家欧拉（Leonhard Euler, 1707—1783）在 1734 年证明了这个公式。当时欧拉定居于圣彼得堡，后来他也在这里逝世。

④ 例如，可见《数学天书中的证明》一书第 8 章。——译者注

⑤ 德国数学家、哲学家莱布尼茨（Gottfried Wilhelm Leibniz, 1646—1716）发展了无穷小演算的一个版本。相对于牛顿的结果，莱布尼茨的结果究竟在多大程度上是独立的，这是一个很难回答的问题，不过莱布尼茨引进的一些记号一直沿用至今。

然而，这些科目并非真的毫无关系。例如，我们刚才已经看到了 $\sqrt{2}$ 和 π 这些实数出现在几何问题中。事实上，欧几里得几何与实数之间有着更深层次的联系。从欧几里得时代到 19 世纪，处理实数的常规方法是利用几何：一个实数可以表示为两条线段的长度之比 [现在对我们来说，这种处理方法是很笨拙的，这也部分解释了为什么我们读牛顿的数学著作（例如，他的《原理》）会很痛苦]。另一方面，笛卡儿告诉我们，可以用实数来解决欧几里得几何的问题。我们选择两条相互垂直的轴 Ox 和 Oy，然后对于平面上的一个点 P_1 用坐标 (x_1, y_1) 来表示（它们都是实数），对于点 P_2 也可以类似地处理，即用坐标 (x_2, y_2) 来表示。根据毕达哥拉斯定理，线段 P_1P_2 的长度为 $|P_1P_2| = \sqrt{(x_2 - x_1)^2 + (y_2 - y_1)^2}$，几何问题可以通过数的形式操作（即代数）来解决。

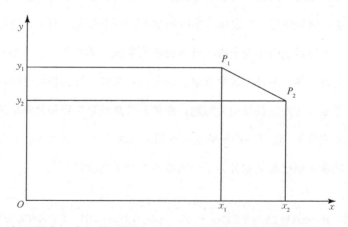

在上图中，点 O 的坐标为 $(0, 0)$，于是我们写成 $O = (0, 0)$。类似地，$P = (x, y)$ 表示点 P 具有坐标 (x, y)。以 O 为圆心，半径为 1 的圆由以下满足条件的一些点 $P = (x, y)$ 构成：

24

$$x^2 + y^2 - 1 = 0.$$

可以说，$x^2 + y^2 = 1$ 是圆的方程（在下左图中）。右边的图形中，通过 O 点的倾斜直线的方程为

$$x - y = 0.$$

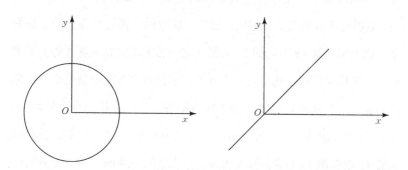

用方程来表示曲线的思想是富有成效的，它导致了代数几何的产生。

笛卡儿的思想展示了如何将几何问题转化为数的问题。当时，关于实数的现代数学理论还没有形成。而现在，我们有着简单而有效的公理化方法来描述实数。另一方面，关于欧几里得几何的公理化（由欧几里得创立，希尔伯特给予更加严格的描述）表达仍然很复杂。现在，一个有效的方法是从实数的公理开始，运用笛卡儿的数学语言（笛卡儿坐标系）将其转化为几何，将一些几何事实表示成定理的形式（包括欧几里得-希尔伯特公理），然后就像欧几里得那样，运用这些几何事实来获得更多的几何定理。

这里我要暂时抛开原来的话题，讲讲公理在数学实践中的作用：它们其实不是很重要。考虑到之前我们曾说，用公理来定义数学会遇到这样或那样的麻烦，现在直接宣称公理并不太重要也许会让人深感意外。其实，在数学实践中经常发生的事情是：从一些已知的事实出发，这些事实可以是公理，而更多的情况下它们是已经被证明的定理 25（比如欧几里得几何中的毕达哥拉斯定理）。数学家从这些事实来推导

新的结果。

现在返回到原来的话题上。公理化方法体现出的思想是：基于某一领域的公理，通过巧妙地补充一些适当的定义，构造出另外一个分支的知识内容。重复进行几次这样的过程，不由得让人产生一种想法：能否将所有的数学知识统一起来，让它们全都建立在少数公理的基础之上呢？从 19 世纪到 20 世纪，这一想法成为数学发展的主要驱动力。可以说，这个想法已经实现了，不过整个过程中也是充满了危机和惊奇。与这个故事有关的人物有康托尔⑥、希尔伯特、哥德尔、图灵⑦、布尔巴基（N. Bourbaki），以及其他的一些数学家。我们将在第 12 章和第 13 章返回这个话题，这里要暂时中断一下，看看法国数学学派布尔巴基小组的一些轶事。

由于历史的原因，法国是一个非常强调集权化的国家。因此，科学研究和教学常常被一些大权在握的元老把持。这对于年轻有为的科学家来说是非常痛苦的。过了一段时间，年长的专制者过世了，这些权力落在了先前那些年轻的科学家手中，不过与此同时，他们也老了，也就是说，他们又成了年长的专制者，整个情况回到了原来的状态。某些人对这一死循环状况感到痛心，认为它可能会引发科学上的灾难。不过，有时它也带来了一些积极的结果，那就是让那些年轻有为的人从耗费时间的管理工作中解放出来，从而在科学研究中做出许多成果。我们知道，苏联的科学研究工作在某段时期内一度达到了很高的水平，也是出于非常类似的原因。

1934 年末，法国高等师范学院毕业的一群学生，包括嘉当（H.

---

⑥ 康托尔（Georg Cantor，1845—1918），德国数学家，他的工作奠定了集合论的基础。

⑦ 图灵（Alan Turing，1912—1954），英国数学家、逻辑学家，他在其他领域也提出了一些极为重要的概念。他在第 15 章还会出现。

Cartan，1904—2008)、舍瓦莱（C. Chevalley，1909—1984)、德尔萨特（J. Delsarte，1903—1968)、迪厄多内（J. Dieudonné，1906—1992)、韦伊，决定对抗周围陈旧过时的数学环境，并且撰写一本《分析学》的专著。分析学包含的内容有多重积分、斯托克斯公式等，至今在理论物理的研究中也是常用的。他们的想法是，用一种非常严密的方式来发展分析学，直到推导出斯托克斯公式。这需要所有成员的共同努力，所以这些年轻的革新者决定给这个团体起一个笔名，叫作尼古拉斯·布尔巴基［借用了一个快被遗忘的19世纪的法国将军夏尔·布尔巴基（C. Bourbaki）的姓，这是一种诙谐的做法]。

　　将分析学建立在严格的基础之上，意味着必须从公理开始。可是分析学并没有公理！如前所述，我们希望将所有的数学，包括分析学，能用一种统一的方式建立在同一组公理之上。长达一个世纪的数学探索最终表明，从集合论的公理出发是一个比较好的方法。集合论研究的是聚集在一起的若干对象，称之为集合（例如集合 {1，2，3} 由三个数字1，2，3组成）。可以数出集合中对象的数目，也可以将不同的集合合并在一起（例如将两个集合 {1，2，3} 和 {4，5，6}，合并之后得到了 {1，2，3，4，5，6})。集合理论看上去并不有趣，似乎也没有什么发展前景。不过，正是由于它非常简单，所以非常适合作为整个数学体系的出发点。在集合理论中，你可以最为清晰地分析公理和推导的逻辑规则。怎样从集合理论中获得其他的数学知识呢？通过对集合中的元素进行计数，就可以得到整数0，1，2，3等。利用整数就可以定义出分数和实数［运用戴德金[8]和康托尔的思想]。如我

---

　　[8]　戴德金（Richard Dedekind，1831—1916)，德国数学家。

们所见,有了实数就可以获得几何学,如此等等。

这就是布尔巴基学派的年轻成员所要进行的工作,其轮廓和大纲是很清晰的。当时他们希望这一工作不会持续太长时间。可实际上,经过了好几代数学家多年的努力(布尔巴基学派规定,成员在年满50岁之后必须退出),《集合论》《代数学》《拓扑学》等多卷数学著作才最终完成。这项工作产生了相当规范化的影响:符号和术语都被详细地讨论过,数学结构也被仔细地研究过。回顾起来,布尔巴基学派严格、统一、系统的意识形态成为20世纪数学研究的重要组成部分,尽管并非每个人都喜欢这种风格。

当然,那些30多岁加入布尔巴基学派的数学家当初并不知道他们的团体会何去何从。不过他们充满热情,同时也很犀利。例如韦伊,有人曾请教他:"我能问一个愚蠢的问题吗?"韦伊回答说:"你已经问了。"在第二次世界大战前夕,韦伊认为这种国家之间的战争与他无关,所以他决定到芬兰去避难,远离这些冲突。结果,他被芬兰当局认为是间谍,差点被判死刑。后来他被驱逐到英国,然后是法国,在这里他因为逃避兵役的罪名,再一次差点被执行死刑。最后他来到美国,开启了极其辉煌的职业生涯,并且最终提出了著名的"韦伊猜想"。后来,格罗滕迪克⑨和德利涅⑩对于这些猜想所做出的证明成为20世纪数学中最重大的事件之一。韦伊关于二战的政治倾向固然会遭到人们的质疑,但是这也从一个方面体现了韦伊思想的独立性。这种思想的独立性在他创造性的数学工作中发挥了重要的作用,让他在数学研究中取得了丰硕的成果。韦伊的最大长处在于,即使代

27

---

⑨　法国数学家格罗滕迪克(Alexande Grothendieck,1928—2014)的故事会在第6章和第7章中提到。
⑩　出生于比利时时的数学家德利涅(Pierre Deligne,1944—　)曾经在法国工作,现在在美国做研究。

数几何的先驱们取得的成果放在他面前，他也不会盲目地全盘接受，而是客观地批判继承。

说到韦伊，必须要提及他的妹妹西蒙娜⑪。在欧洲学术界，她是韦伊家族中名气更大的成员。她是一位哲学家和神秘主义者。虽然她是犹太人，但她的个人经历最终使她成为一名基督教徒。西蒙娜根据所参加的社会活动和自身的宗教思想，撰写了一些非常有影响力的著作。战前的社会问题和战争的恐怖对她造成了很大的伤害，绝食导致她于 1943 年病逝于英国。

布尔巴基学派现在又怎样了呢？它的发展历程经历了几个阶段：从年轻而富有创造力的阶段，到基本确立而强盛的阶段，最后到衰老而专制的阶段。最后两本著作的出版时间是 1983 年和 1998 年，以后可能也不会再有了。布尔巴基学派已经不存在了⑫。现在还存活于世的，原布尔巴基学派的成员，都是一些高龄的数学家，大部分已经名扬四海了。数学在其发展过程中吸收了布尔巴基学派的思想，还将继续地发展下去。

28

⑪ 关于西蒙娜（Simone Weil，1909—1943）（全名常译作西蒙娜·薇依），有两种中译本传记：《信仰与重负——西蒙娜·韦伊传》，卡博（Jacques Cabaud）著，顾嘉琛等译，北京大学出版社，1997 年；《西蒙娜·韦伊》，佩特雷门特（Simone Petrement）著，王苏生、卢起译，上海人民出版社，2004 年。她有许多作品（《重负与神恩》《源于期待》等）被译成中文，有人把她的作品与帕斯卡（Blaise Pascal，1623—1662）的《思想录》相提并论，并视她为"当代的帕斯卡"。——译者注

⑫ 布尔巴基讨论班还是存在的，而且仍然比较活跃。讨论班每年都会在巴黎举行 3 次会议，同时开展 5 次讲座，详细地展示出目前感兴趣的研究课题。讲座的内容会预先写好，然后分发给观众。布尔巴基讨论班在传播新颖的数学思想方面，起到了极为重要的作用。

6

代数几何与算术一览

如果要评选出 20 世纪最伟大的 10 位数学家，希尔伯特一定榜上有名。或许有的人还会列出哥德尔（但也许他更应该算作逻辑学家而不是数学家）和庞加莱①（也许他更应该算作 19 世纪的数学家）的名字。除了这两三个公认的伟大人物之外，对于其他人的评选则是困难的，不同的数学家可能会列出不同的名单。我们离 20 世纪太近了，以至于不能做出一个令人满意的洞察。有时，某位数学家证明了一个困难的定理而获得一个重要奖项，但几年之后却淡出了历史舞台。而有时回头看某个数学家的工作，会发现那已经改变了整个数学的发展历程，于是他将作为一位最伟大的科学家名垂青史。而今，有一个人的名字绝对不会被忘却，他就是格罗滕迪克。他是我在法国高等科学研究所（IHÉS）的同事。尽管我和他并不很熟，我们还是被一起卷入到一系列的风波中，这些风波最终导致他离开了 IHÉS，被整个数

① 庞加莱（Henri Poincaré，1854—1912），法国数学家，他的工作涉及多个数学领域，而且他所撰写的关于科学哲学的著作脍炙人口，仍然流行于世。

学界排斥在外。他放逐了自己。有人认为，他排斥了法国数学界的故交，他们也排斥了他。这种相互之间的排斥究竟是怎么形成的，我将在下一章中叙述。

在此之前，我想谈谈格罗滕迪克所做的数学，最宏伟的法语数学巨著——几千页的《代数几何原理》(*Éléments de géométrie algébrique*，简称 EGA) 和《代数几何研讨班讲义》 (*Séminaire de géométrie algébrique*，简称 SGA)。格罗滕迪克的数学生涯始于分析学的研究，他对此也做出了有长久影响的贡献。不过他最辉煌的成就是代数几何。虽然他取得的成就专业性极强，但门外汉亦可领略其壮美——因为它过于宏伟，宛如一座雄峰，不必攀登，遥遥望去即可让人顿时肃然起敬。

29

我们知道，代数几何最初是用代数方程来描述平面上的几何曲线，我们可以将一条曲线记为

$$p(x, y) = 0.$$

曲线上的一个点 P 的坐标为 (x, y)，在前一章我们考虑的例子中，坐标满足如下的方程 $x^2 + y^2 - 1 = 0$（圆）或 $x - y = 0$（直线）。现在，不考虑某种具体的表达式，而假设 $p(x, y)$ 为一般的多项式，也就是若干项 $ax^k y^l$ 的和的形式。这里的 x^k 表示 x 的 k 次幂，y^l 表示 y 的 l 次幂，系数 a 是实数。如果 $k + l$（即单项式 $ax^k y^l$ 的次数）只允许取 0 或 1，那么多项式 $p(x, y)$ 的形式为

$$p(x, y) = a + bx + cy,$$

称作是一次多项式，此时由方程 $p(x, y) = 0$ 所描述的曲线是一条直线。如果 $k + l$ 只允许取为 $0, 1,$ 或 2，那么多项式 $p(x, y)$ 的形式为

$$p(x, y) = a + bx + cy + dx^2 + exy + fy^2,$$

它在几何上对应着一条圆锥曲线。圆锥曲线（也称为圆锥截线）包括椭圆、双曲线和抛物线，曾被古希腊的几何学家［如阿波罗尼斯（Apollonius，约公元前262—前190）］详细研究过。

借助方程描述曲线有以下好处：利用多项式，你可以在几何与代数计算之间自由转换。注意到下面这个几何事实：通过平面上的5个点，可以唯一确定一条圆锥曲线。这个定理更加准确的表述如下：如果两条圆锥曲线有5个公共点，那它们就有无穷多个公共点。这一几何定理在某种程度上比较难以理解，但如果将其转化为多项式方程解的性质，现代数学家就会觉得非常自然②。一般地，我们可以说，将几何的语言和直觉与对方程的代数操作结合起来，是非常有益的。

数学某一分支的发展方式常常是由该分支研究对象本身所引导的，它们好像在告诉数学家："看看这个，如果那样定义，然后就可以获得更加优美、自然的理论。"对于代数几何来说就是如此：正是这门学科本身让数学家明白应该如何去发展它。例如，我们使用点 $P = (x, y)$，其中坐标 x, y 都是实数，但如果允许它们是复数，则某些定理有更简单的表述。因此，经典的代数几何主要使用复数而不是实数。这意味着作一条曲线，除了实点以外，还可以考虑复点；而且引入无穷远点也是很自然的（恰如在射影几何中见到的那样）。当然，你可能不仅只想研究平面上的曲线，还想研究三维或更高维空间中的曲线或曲面。这就迫使你必须要考虑由多个方程（而不是单个方程）所定义的代数簇。代数簇可以用平面或更高维空间中的方程来定义。不过也可以忘掉我们周围的空间，在不参照所围绕的空间的条件下研究代数簇。这一思路是由黎曼在19世纪开创的，并引导他得到了复

---

② 这是以贝祖（Étienne Bézout，1730—1783，法国数学家）命名的贝祖定理的一个特例。

代数曲线的一个内蕴理论。

代数几何就是代数簇的研究。这是一个困难而专业化的课题，但仍然可能以一般的方式来概述这门学科的发展。

回到刚才的话题上，我要解释一下代数几何中不仅仅考虑实数还引入复数的有趣之处。我们可以用通常的方式对两个实数做加减乘除四则运算（0 不可以做除数）。用比较专业的术语表达就是：全体实数构成一个域，也就是实数域。类似地，全体复数构成复数域。当然还存在其他许多域，其中有一些域只包含有限多个元素，称为有限域。韦伊系统地发展了任意域上的代数几何。

为什么要从实数或复数扩展到任意的一个域呢？为什么要强行地做一般化呢？我用一个例子来作为回答：与其写出这样的式子 $2+3=3+2$ 或 $11+2=2+11$，数学家宁愿采用 $a+b=b+a$ 这种抽象表达。它同样简单，但更一般化，也更有用。将事物用一般化的形式适当表述出来是一门艺术。其好处是，可以获得一个更自然、更一般的理论；而且更重要的是，可以对某些在不那么一般的框架下无法回答的问题提供一个答案。

此刻，我想将话题从代数几何转移到一个看似完全不同的东西：算术（数论）。算术所考虑的问题是，例如，寻找满足方程

$$x^2 + y^2 = z^2$$

的正整数解。例如，$x=3$，$y=4$，$z=5$ 是一个解（勾三股四弦五）。当然还有许多其他解，古希腊人早就研究过这个问题[3]。如果我们不考虑二次幂，而是将幂次数 2 换成某个大于 2 的整数 n，还能找到正整

31

---

③ 例如，参见库朗（R. Courant，1888—1972）、罗宾斯（H. Robbins）、斯图尔特（I. Stewart）《什么是数学》（第三版）第 51—52 页，左平、张饴慈译，复旦大学出版社，2013 年。——译者注

数解吗？费马大定理宣称，当 $n > 2$ 时，方程

$$x^n + y^n = z^n$$

没有正整数解。1637 年，费马④自认为找到了这一论断（后世所称的费马大定理）的证明，但他很可能搞错了。最终的证明由怀尔斯得到，发表于 1995 年⑤。整个证明过程非常冗长而且困难，甚至有的人会问，花费这么多精力去证明一个基本没有实际用途的结果是否值得。实际上，费马大定理最有意思的地方在于它虽然极难证明，却能很简单地表述出来。不然的话，它只能算作 20 世纪后半叶数论发展中的一个结论。

算术基本上是研究整数的，其中的一个核心问题就是寻求多项式方程 [例如 $p(x, y, z) = 0$，这里可以取 $p(x, y, z) = x^n + y^n - z^n$] 的整数解（即 x, y, z 都为整数）。这么说来，算术与代数几何是非常类似的：算术是求多项式方程的整数解，而代数几何是求多项式方程的复数解。那么可否将两者合二为一呢？实际上，这两门学科有很大的差别，因为整数的性质与复数的性质极为不同。例如，设 $p(z)$ 为一个只含有变量 z 的复系数多项式，那么方程 $p(z) = 0$ 必定存在复数解（这一事实以代数基本定理著称）。但是对于整系数多项式来说，就没有这样的定理（$z^2 = 2$ 就没有整数解）。长话短说，将代数几何和算术结合在一起是可能的，但其代价是，要有更一般的基础性研究。代数几何必须重新建立在一个更一般的基础上，而这一伟大的任务就是由格罗滕

---

④　费马（Pierre Fermat，1601—1665），法国数学家，因数论方面的工作而被人铭记，不过他其实是一名律师和图卢兹议会的议员。

⑤　费马大定理的证明是由一系列数学家共同努力完成的，但关键性的最后一步（也是最为困难的一步）由英国数学家怀尔斯（Andrew Wiles，1953—　）解决。怀尔斯现在居住在美国。（关于这个传奇故事的曲折历史，可见《费马大定理：一个困惑了世间智者358年的谜》，辛格著，薛密译，广西师范大学出版社，2013年。——译者注）

当格罗滕迪克进入这一领域时，一个非常有影响力的思想已经引入了代数几何的研究中：代之以将代数簇想象为点的集合，我们着眼于在代数簇或其一部分上有"良好定义"的函数。特别地，这些函数可以是多项式的商，但只在使得其分母不等于零的那一部分代数簇上有意义。上述提到的好的函数可以相加、相减、相乘，而除法则一般是不允许的。这些好的函数不构成一个域，而是构成一个环。所有整数也构成一个环。格罗滕迪克的想法是，从任意一个环出发，看看它能在多大程度上表现出代数几何中好的函数构成的坏的那些性质，然后考虑要引入哪些条件，才能让代数几何中的通常结果仍然成立，至少是部分成立。

格罗滕迪克的计划建立在过于一般化的基础之上，宏伟而又艰难。回顾起来，我们知道这一事业取得了极大的成功，不过想想当时推动这一计划实施和进展所需要的才智上的勇气和力量，还是让人望而却步。我们知道，20世纪后半叶的一些最伟大的数学成就都是建立在格罗滕迪克的基础之上。韦伊猜想的证明以及对于算术的新理解，使得攻克费马大定理成为可能。格罗滕迪克的思想影响了其他许多人的工作，即使在他离开数学界之后也是如此。在下一章中我会详细描述到底发生了什么。不过至少有这样一部分原因：格罗滕迪克的激情在于发展新的思想，揭示出数学中宏伟壮阔的前景。为了完成这一目标，聪慧的才智与勇往直前的魄力是不可或缺的。不过智慧绝对不是他的目标。有人或许会觉得遗憾，在他离开时，留下了一个未完成的构造，但格罗滕迪克对填充细节并没有兴趣。我们最大的损失不在于此，如果格罗滕迪克没有放弃数学或者说数学没有放弃他，他或许还能够开辟数学知识上的某些新的大道，然而这是我们永远也无法看到的了。

7

我和格罗滕迪克的南锡之旅

我与格罗滕迪克接触是从 IHÉS 开始的，那是巴黎附近的一个数学与理论物理研究所。它是莫查纳（Léon Motchane）在 20 世纪 50 年代末私人建立的研究所，其目标是赞助一部分科学家从事科研工作而无须另谋生计。莫查纳是一个很奇特的商人，1900 年出生于圣彼得堡（他从来不用列宁格勒这个名称）。当我在 1964 年见到他时，他已经是一位卓有成就的知名绅士。在从商之前他曾（追随蒙特尔①）学习数学。在第二次世界大战中他加入法国队伍抵抗纳粹②。他也曾在非洲待过一阵。当问及他在那里做什么时，我记得他回答说："请允许一个上了年纪的人（即莫查纳本人）忘掉某些事情……"在 IHÉS 的创建背后有一个小故事，这是发生在莫查纳与罗兰（Annie

---

① 蒙特尔（Paul Montel，1876—1975）是贡献卓越而且长寿的法国数学家。阿达马（Jacques Hadamard，1865—1963）与嘉当（Henri Cartan，1904—2008）也属于同一个传统。

② 莫查纳出现在韦科尔（Vercors）的《沉默之战》（*La bataille du silence*，Les Editions de Minuit，Paris，1992）一书中。这本精彩的书讲述了一些人在二战期间通过非法出版书籍公然挑衅法国当局与纳粹头目的故事，这在当时是足以让他们掉脑袋的行为。

Rolland）之间的一段令人捉摸不透的浪漫：莫查纳是第一任所长而罗兰是其秘书长，他们都在 1971 年退休，之后就结婚了，震惊了许多人。他们的投入以及莫查纳从法国数学家嘉当和美国物理学家奥本海默③那里获得的建议，为研究所最初的成功以及 1960 年代的黄金时代奠定了基础。

只要想一想，在 1960 年代，IHÉS 的数学代表人物可是年轻的汤姆④与格罗滕迪克！虽然那里的科学水准令人叹为观止，但在我看来，当时那个地方并不出名：既没有院士，也没有头发斑白的科学家（虽然莫查纳的白发引人注目）。也许我说那个地方不出名会让你觉得有些奇怪，因为汤姆已经获得了菲尔兹奖（这是那时最有名望的数学荣耀）。然而，与今天相比，特别是在法国，那时的菲尔兹奖并不是如此有分量。而且虽然汤姆和格罗滕迪克在智力拼搏上有雄心壮志，但是他们并不那么看重名誉。在这段时期的记忆中，我记得有一次格罗滕迪克参加了汤姆主讲的一个研讨会（这是罕见的）。格罗滕迪克提了一个问题，汤姆以他惯有的方式做了一个有些含糊的回答。格罗滕迪克反驳说这个回答是所有初学者都会犯的一个毛病。汤姆虽然可能不大欣赏这个批评，但他确实接受了。周围的所有科学家都很年轻而且相当随意。那时的研究所很新，在法国的体制管理之外。对我们来说，任何需要保持传统的说法都毫无意义。每个人都有最大的机会

34

---

③　奥本海默（J. Robert Oppenheimer, 1904—1967），美国理论物理学家，在制造原子弹的过程中发挥了关键作用。［奥本海默还曾担任美国普林斯顿高等研究所（IAS）的所长，而 IHÉs 正是以 IAS 为模版创建的。见《IAS 和 IHÉS 两个研究院的历史》，杜瑞芝等译，《数学译林》2003 年第 3 期，258—266 页。——译者注］

④　汤姆（René Thom, 1923—2002），法国数学家，具有独立的思想。他不是布尔巴基小组的成员。他花了相当多的时间在其突变理论与哲学问题上。但最终他留给后人印象最深的也许是对几何学的重要贡献。（汤姆有两本著作译成中文：《突变论：思想和应用》，上海译文出版社，1989 年；《结构稳定性与形态发生学》，四川教育出版社，1992年。——译者注）

遵循自己的智力道路自由发展，而且每个人也都是这么做的。

格罗滕迪克于 1928 年出生于柏林⑤。他的父亲曾经是俄国革命家，但不是布尔什维克成员，因此当列宁胜利以后就离开了俄国，之后又投身到欧洲的几次革命战斗中。他参加了西班牙共和国军，但却被佛朗哥（Franco）政权打败，之后流亡到法国。二战临近时，法国当局将他安置于一个收容所。后来他被引渡到德国，最终在奥斯威辛集中营殒命。IHÉS 厨房的上方是格罗滕迪克的小办公室，那里挂着他父亲的一幅肖像油画。格罗滕迪克很少见到父亲，他随母亲汉卡·格罗滕迪克（Hanka Grothendieck）姓。少年的格罗滕迪克漂泊于德国与法国，有时是自由的，有时在躲藏，有时在收容所。

战争结束后，1945—1948 年，格罗滕迪克在蒙彼利埃大学学习数学。他对所教授内容的严格性不大满意，在根本不知道勒贝格⑥积分概念（诞生于 1902 年）的情况下，他以自己的方式重新发展了测度论。1948 年，他去了巴黎，在那里，现代数学的世界向他敞开了

---

⑤　关于格罗滕迪克的背景的一些信息在卡蒂埃（P. Cartier）的两篇文章中提到过，一篇是法文的（*Grothendieck et les motifs*，IHÉS 预印本，2000），一篇是英文的［*A mad day's work* …，库克（Roger Cook）翻译，Bull. Amer. Math. Soc. **38**（2001），389 - 408］。卡蒂埃为避免格罗滕迪克被过早遗忘做出了卓有成效的大量工作，但是我很怀疑他对格罗滕迪克的"精神分析"的诠释。另一个有趣的来源是埃勒曼（A. Herreman）（*Découvrir et transmettre*，IHÉS 预印本，2000），那里讨论了"coup de poing en pleine gueule"，见后续文字。还有雅克松（A. Jackson）的一篇优美文章 *Comme appelé du néant — as if summoned from the void*：*The life of Grothendieck*［Notices Amer. Math. Soc. **51**（2004），Ⅰ，1038—1056；Ⅱ，1196—1212］。（有中译文，《仿佛来自虚空：格罗滕迪克的一生》，欧阳毅译，连载于《数学译林》2005 年第 2 期与第 3 期。——译者注）［沙尔劳（W. Scharlau）正在准备格罗滕迪克的一个三卷本的传记 *Wer ist Grothendieck?*：*Anarchie*，*Mathematik*，*Spiritualität*（德文）。关于格罗滕迪克的更多信息可见 www. grothendieckcircle. org.］我也采用了自己的记忆，由所讨论的那一段时期的个人档案支撑。

关于格罗滕迪克的工作的一个数学讨论，可见迪厄多内的 *De l'analyse fonctionnelle aux fondements de la géométrie algébrique*（收入 The Grothendieck Festschrift，Ⅰ，Prog. Math. 86，Birkhäuser，Bsoton，1990，1 - 14）。请允许我引用迪厄多内关于格罗滕迪克的代数几何工作的总结："总结这本 6 000 多页的著作是办不到的。数学中少有如此浩瀚恢宏、富有想象力的理论，可以在如此短的时间里基本上由一个人完成。"

⑥　勒贝格（Henri Léon Lebesgue，1875—1941），法国数学家。——译者注

大门。他参加了嘉当的课程与研讨班,并结识了塞尔、舍瓦莱和勒雷(J. Leray, 1906—1998)。这些数学家对年轻的格罗滕迪克产生了很大的影响。1949—1953 年,他在南锡大学(当时南锡大学要比蒙彼利埃大学好得多)做了许多泛函分析方面的工作,被认为是一个有前途的年轻数学家。离开南锡之后,他花了几年时间旅行(巴西的圣保罗、美国的堪萨斯州)。当 1958 年格罗滕迪克来到 IHÉS 时,他的兴趣已经从泛函分析转移到了代数几何与算术。在 IHÉS 的 10 多年时间里,格罗滕迪克像巨人一样为了他的《代数几何原理》(俗称的 EGA)而工作,并主持每周二的代数几何研讨班,很多法国数学精英都参加了这个研讨班。除了每周二来研究所以外,格罗滕迪克平常都在家里做研究。他工作很勤奋。他不仅具有出色的工作能力,还具有与成为创造性数学家密不可分的另外两个重要品质:扎实可靠的数学技巧和创造力。此外,他的研究领域结合了代数几何与算术,这正是他的天赋所在。当然,还有一些其他有利条件:他没有教学或管理任务,他很少花时间研究其他数学家的文章——有同事为他解释这些思想。一个极有帮助的同事是迪厄多内[⑦]。迪厄多内是一位高水平的数学家,同时也是布尔巴基的成员之一,具有很强的工作能力。迪厄多内决定担当格罗滕迪克的科学秘书:他能够理解格罗滕迪克的思想并用干净利落的数学语言表述出来。所有这些,就是格罗滕迪克的数学贡献这一奇迹发生的背景。

格罗滕迪克的母语是德语,但他通常说法语并以之作为自己的数学语言。虽然格罗滕迪克把父亲的画像挂在办公室,但他并不认为自己的半犹太血统有多重要,因此他随母亲姓。尽管父亲参加了革命战

---

⑦　法国数学家迪厄多内(1906—1992)是布尔巴基的主要人物之一。他是 IHÉS 的早期成员。

斗，但儿子却是一个坚定的反战主义者。格罗滕迪克居住在法国，但（在1980年之前）他一直选择无国籍。他是法国数学界的一个中心人物，却不是名门出身：他从前不是高等师范学院的学生。这些不协调或许有微妙的解释，然而它指出了一个非常清晰的事实：格罗滕迪克有意地选择了自己成为什么样的人。他原本也可以在一段考虑以后改变他的想法。做数学家是他的选择。另一方面，成为法国数学界圈外的一个精英的事实也是偶然所致，而之后他也为陷入这一困境非常忧虑不安。

　　我与格罗滕迪克的科学兴趣迥然不同，但作为他自1964年至1970年间的同事，我对他非常了解。他非常英俊，大光头令人眼前一亮。他有鲜明的个人魄力：从不畏惧困难的局面。对此，一个有力的证据是与莫查纳的争执。格罗滕迪克其实比许多人都要温和，而且随时可以与人讨论，但是他从不接受那些他认为不可靠的论证。他富有魅力，而且诸如反战主义这样的道德问题对他来说是非常重要的。但有时候他也很麻木，甚至蛮不讲理。如果让我拿他跟其他数学家相比的话，我会说他比大多数人更有个性⑧，而且在他身上，智力上的严格性比一般的数学家体现得更为明显。对我个人而言，他不是我很想亲近的人。但是，我不仅仅崇拜作为数学家的他，更认同他作为一个人所具有的人性中的闪光点。因为像他这样的具有道德成见与胆量的人是少有的，科学家中这样的人并不比普通人中多出多少。

　　理智地说，当我1964年到达IHÉS时，这里确实是一个理想的

　　⑧　或者至少是很不相同。我来试着说明这一点。许多有成就的科学家留给我们一些关于他们生活的故事。这些自传比较典型地包含了有趣的个人和历史信息、一些奇闻轶事，并暗示了作者在科学之外的生活中还有很多兴趣（比如音乐、性爱、行政管理才能等）。故事在这位科学巨人与其他伟人如总统、国王，或者教皇的握手时达到高潮。如果你读格罗滕迪克的《收获与播种》，你或许不喜欢它，但是你会经历一种完全不同的个人体验。

地方。但这里也有困难。我听（汤姆）说的第一个困难就是教授的薪水不是总能按时发下来。不久以后，研究所甚至不得不开始变卖资产以维系生存。（因此我需要借钱来支付房租。）那时的教授［汤姆、米歇尔⑨、格罗滕迪克和我］对莫查纳的奉献无比感激，但我们开始担心他越来越捉摸不定的行为和他的继任者的问题。1969年，我们为此在私底下召开了多次会议，最后我们（在米歇尔的餐厅里）写了一封信给莫查纳，要求IHÉS的学术委员会召开会议讨论这一问题。然而事情搞砸了，事态很快就恶化。莫查纳反击说我们篡改事实不尊重原则，并威胁我们说要关闭研究所，如此等等。有一次他给我们看了当时学术委员会议报告的一段摘录，该报告称，我们已经指定他继续担任4年的所长。但我们当中没有人记得这一决定，而且从来没有见过这段"被摘录的"报告。莫查纳为确保其继任的安排，根本没有参考学术委员会的意见（这是违反IHÉS章程的）。研究所之外的同事写信给我们说，莫查纳不让他们告诉究竟是学术委员会的哪些人提交的那份报告。然而，他们还是透露给我们那些人是谁，并要求我们不可与莫查纳说破。我们仔细地看了看莫查纳拟定的IHÉS章程，乍一看来它对教授极为宽容慷慨，但我们立即意识到，章程中没有一条规定赋权学术委员会约束所长的行为。在这个混乱时期的某个时刻，格罗滕迪克发现IHÉS曾接受军方的钱，他说如果继续这样的话他就辞职。然而好在军方的钱已告尾声，这场意外才得以平息。

在与米歇尔和汤姆商讨之后，格罗滕迪克和我于1970年2月20日前往南锡会见董事会主席。这几乎是一次毫无意义的旅行，但它给了我一个与格罗滕迪克在火车上单独相处几个小时的机会。我们讨论

⑨　米歇尔（Louis Michel, 1923—1999），法国理论物理学家，是IHÉS的早期成员。

理论物理。他的提问很谨慎，我需要仔细推敲斟酌才能回答他的问题。那时他也通过他的朋友杜米特雷斯库（M. Dumitrescu）了解了生物学。正如许多人到了 40 岁那样，加上 1968 年法国五月风暴⑩的不稳定影响，格罗滕迪克在重新思考其人生方向。他不打算继续如从前一样单纯地为代数几何的基础而工作，他甚至宣称将要离开数学。但这并没有妨碍他后来在不利条件下做出优秀的工作。

让我们回到 1970 年代初的 IHÉS。那时的气氛开始极度恶化，但我们认为情况最终会好转。我记得在（马西巴雷索的）地铁遇见格罗滕迪克，他跟我说："我们现在因莫查纳而非常忐忑，但两年后你会看到，我们都会对整个事件付之一笑（嗤之以鼻）。"然而，事实并非如此简单。在与莫查纳的讨论中，格罗滕迪克比我们其他人更敢于直言。因此莫查纳想当然地认为他是我们的"头头"并奚落他。在某一时刻，格罗滕迪克大概认为闹剧已经持续太久了，因此在我们与莫查纳的一次见面中，他谴责莫查纳是一个大骗子⑪。（我不记得谴责的具体原因了。）这个插曲之后，莫查纳宣布 IHÉS 继续接受军方的钱，而格罗滕迪克则辞职走人了。

自那以后我再也没有见过格罗滕迪克。他加入了一个小型的反核组织，四处旅行，为在法国得到一个合适的学术职位做了许多尝试。这些尝试基本都以失败告终——只有蒙彼利埃的地方大学提供的一个教席差强人意，那是他 1945 年做学生的地方。1981 年，他 1970 年之后的一个学生在申请教授资格，评审委员会由他 1970 年之前的 3 个

---

⑩ 见百度百科"五月风暴"条款。据数学家贝尔热（M. Berger）描述，当时巴黎到处都是学生示威、工人罢工，持续了 1 个月。汽车熊熊燃烧，马路上的铺路石被铲去，到处都是路障、荷枪实弹的警察和催泪弹。

⑪ "Vous êtes un fieffé menteur, Monsieur Montchane!"（"莫查纳先生，你是个大骗子！"）这是非常强硬的语言，而且令一些支持格罗滕迪克的人感到不安。

学生组成，但却被否决了，他说当时就像"被抽了一记耳光"。虽然被排斥在研究圈子以外，他仍然具有疯狂的数学创造力，写了几百页的文章，但仅限于私人传阅，只有少部分发表了。

在1983—1986年，格罗滕迪克写了《收获与播种》，这是一部关于他生活与数学的长达1 500多页的著作。该书主题非常多样，一部分读起来像王尔德（O. Wilde）的《自深深处》⑫，而另一部分包含的是他对从前的学生和朋友的疯狂攻击，格罗滕迪克认为他们在科学上背叛了他的业绩。对于自我安慰来说，这些攻击通常太有个性、太私人化了。毫无疑问，它们有一部分是不公正的，也有一部分是正确的。《收获与播种》是私人传播的，但格罗滕迪克曾徒劳无功地打算将它作为一本书出版⑬。该著作有一部分内容具有奇异的美与深度，而且它将是了解数学史上这个重要时期的一个基本文献。

1988年格罗滕迪克到了60岁，从蒙彼利埃大学提前退休。同年，他"赢得"了一个重要的数学奖项⑭，但他拒绝领奖。同时他还收到了一套三卷本的纪念文集作为礼物⑮，然而他却说，他感谢那些没有参与进来的人。

1990年，格罗滕迪克发出一封信，宣称将在同年写出并出版一本富有预言性的著作。他说，收到这封信的250个人应该为上帝赋予的伟大使命做好准备。但是，他所宣称的著作从未出现，而现在他本人也"化形隐声"了。 39

---

⑫ 后来更名为《狱中记》，至少有三个中译本：《狱中记》，汪馥泉、张闻天、沈泽民译，上海，商务印书馆，1924年；《狱中记》，孙宜学译，桂林，广西师范大学出版社，2000年；《自深深处》，朱纯深译，南京，译林出版社，2008年。——译者注

⑬ 格罗滕迪克的《收获与播种》在网上有多种版本与翻译，以及其他进一步的材料。哪些内容公开随时间而变化，读者请自己核查。

⑭ 即与德利涅分享的克拉福德（Crafoord）奖。克拉福德奖由瑞典科学院授予那些不在诺贝尔奖授奖范围内的领域。

⑮ 见注释⑤。

自从格罗滕迪克退休以后，他的生活越来越像一个隐修道人。他被佛教思想深深吸引，而且开始了极端的素食习惯。他目前身在何处无人知晓⑯。我曾问起与格罗滕迪克最近（2000 年）有联系的一个朋友他在做什么，得到的回答很简单："在坐禅。"

很难相信像格罗滕迪克这样一个富有才干的数学家居然在离开IHÉS 之后，在整个法国找不到一个合适的学术职位。我敢肯定，如果格罗滕迪克从前是高等师范的学生，又或者曾经是数学圈内的一员，一个与他的数学成就相称的职位早就为他准备好了。请允许我暂时转移一下话题。当德热纳⑰1991 年获得诺贝尔物理学奖时，巴黎大学为他举办了一个官方庆典，德热纳本人与总理若斯潘（L. Jospin）都发表了演说。德热纳在演讲中说，法国科学界最令人讨厌的就是它的社团主义。当然，在物理学界是如此，在数学界更是如此。这意味着，你是否隶属于某一团体是非常重要的，比如，你是来自高等师范还是来自高工，你是否属于哪个实验室，你是否属于国家科学研究中心（CNRS）、科学院，抑或是某个政治团体等。如果你是这些团体当中的一员，那么他们将会帮助你，而且你也必须为所属的团体效力。但对格罗滕迪克来说，他不属于任何团体（甚至那时连法国国籍或其他任何一国国籍都没有）。没有人需要对他负责；他只是一个累赘。

可能有些人理所当然地认为，格罗滕迪克的被拒圈外应该完全归咎于他本人：他变得疯狂并且离开了数学。但这颠倒了已知事实发生的先后次序。这里发生了一些令人羞愧的事情。而且，对格罗滕迪克的抛弃将成为 20 世纪数学史中最不光彩的一页。

⑯ 格罗滕迪克于 2014 年 11 月 13 日去世。——译者注
⑰ 德热纳（Pierre-Gilles de Gennes，1932—2007），法国理论物理学家。

译者补注：

[1] 关于 IHÉS 的创建，可见米歇尔的文章 *History of the IHÉS and its Foundation by Leon Montchane*，有中译文，《数学译林》2001 年第 3 期。该文是作者在 1988 年 10 月 8 日庆祝 IHÉS 成立 40 周年的演讲。

[2] 以下著作展示了许多访问 IHÉS 的数学家的照片：J. F. Dars，A. Lesne，A. Papillault，*The Unravelers: Mathematical Snapshots*，A K Peters，Ltd.，2008；中译本《解码者：数学探秘之旅》，李锋译，姚一隽、张小萍校，北京：高等教育出版社，2010 年。

[3] 关于格罗滕迪克拒绝领奖，可见史树中《格罗滕迪克拒领克利福德奖》，《中国数学会通讯》，1988(9)。也可见张奠宙《二十世纪数学经纬》一书第 313—315 页，上海：华东师范大学出版社，2002 年。

[4] 关于格罗滕迪克的文献还有：

P. Pragacz，A. Shenitzer，J. Stillwell，R. Duda，"The Life and Work of Grothendieck"，*The American Mathematical Monthly*，**113**（2006）（9），831—846. 有中译文，《格罗滕迪克之数学人生》，孙笑涛译，《数学译林》2007 年第 3 期。

L. Illusie，A. Beilinson，S. Bloch，V. Drinfeld，et al，"Reminiscences of Grothendieck and His School"，*Notices of the AMS*，**57**（2010）（9），1106—1115. 有中译文，《忆格罗滕迪克和他的学派》，胥鸣伟译，《数学译林》2011 年第 1 期。

[5] 值得一提的是，徐克舰教授在一篇有趣的文章里比较了格罗滕迪克的 Motive 与塞尚的母题（motif）。见《格罗登迪克的 Motive 与塞尚的母题》，《数学文化》2012 年第 3 卷第 2 期，第 12—33 页。

[6] 特别值得推荐的还有陈关荣教授的文章《亚历山大·格罗滕迪克》，《数学文化》2015 年第 6 卷第 2 期，第 52—55 页。

8

结　构

正如我们已经看到的，数学本身具有双重性质。一方面，它可以用形式化的语言、严格的推导规则和一系列公理去发展。所有定理都能机械地获得并验证。这是数学形式化的一面。另一方面，数学实践的基础是思想，例如克莱因关于不同几何的思想（即埃朗根纲领）。这是数学概念化（结构化）的方面。

在第 4 章讨论蝴蝶定理时，我们遇到了需要进行结构化考虑的例子。在那里，我们看到，当你试图证明定理时，认识到它属于哪种几何是何等重要。但是，在目前使用的建立数学基础的公理中，射影几何的概念并不明确。在集合论公理中，射影几何以何种意义存在？什么结构给人一种数学的感觉？在雕塑家将其雕刻出来之前，雕像以何种意义存在于巨石之中？

在讨论结构之前，我们应该先仔细审视一下集合——它在现代数学中扮演着基本的角色。首先回顾一些基本的概念和术语。$S = \{a, b, c\}$ 是一个集合，其中 a, b, c 称为集合 S 的元素。元素列出的顺序是无关紧要的。集合 $\{a\}$ 和 $\{b, c\}$ 都是 $\{a, b, c\}$ 的子集。集合 $\{a, b, c\}$ 是有限集(它只包含 3 个元素),但集合也可以包含无限多个元素。例如,自然数集合 $\{0, 1, 2, 3, \cdots\}$ 或者圆周上的点形成的集合都是无限集。给定集合 S 和 T,假设对于 S 中的每个元素 x,存在 T 中(唯一)的元素 $f(x)$ 与之对应,则我们称 f 是从 S 到 T 的映射,也可称 f 为定义于 S 且取值于 T 的函数。例如,定义自然数集合 $0, 1, 2, 3, \cdots$ 到自身的映射 $f(x) = 2x$。从自然数集到自身的映射的另一个例子是

$$f(x) = x^2 \quad \text{或} \quad f(x) = \underbrace{x \cdots x}_{n \text{个}} = x^n.$$

虽然函数(或者映射)的概念在数学的历史上出现得比较晚,但是当今对数学结构的理解都是以它为中心的[①]。

数学家总是力图将他们使用的结构定义得更加精确而广泛。克莱因的埃朗根纲领是沿着这个方向前进的一步。在克莱因的观点下,每种几何联系着一族映射:全等变换(欧几里得几何)、仿射变换(仿射几何)、射影变换(射影几何)等。布尔巴基学派以集合为基础定义了结构。

我们以一种非正式的观点阐述布尔巴基学派的观点。假如我们要比较不同对象的大小,并以 $a \leqslant b$ 表示对象 a 小于或等于 b(需要满足一些条件,比如若 $a \leqslant b$ 且 $b \leqslant c$,则 $a \leqslant c$)。因此,我们需要定义一个序结构($\leqslant$ 称为一种序)。为此,我们需要一个包含 $a, b, c, \cdots$ 的集合 S。引入一个集合 T,T 中的元素是 S 中可以比较大小的元素对[满足 $a \leqslant b$ 的 a, b 构成的一个有序二元数组 (a, b)]。粗略地讲,我们考虑几个有关系的集合 S,

---

① 我们刚刚引入了集合论的两个概念:子集和映射(或者称作函数)。下面还有两个定义。集合 S 和 T 的交定义为既属于 S 又属于 T 的元素的全体,用 $S \bigcap T$ 表示。S 和 T 的并集是属于 S 或者 T 的元素的全体,用 $S \bigcup T$ 表示。因此 $\{a, b\} \bigcap \{a, c\} = \{a\}$,$\{a, b\} \bigcap \{c\} = \varnothing$(空集),$\{a, b\} \bigcup \{a, c\} = \{a, b, c\}$。当然,也可以定义两个以上集合的交集和并集。

$T \rightarrow$（T 的元素取自 S 中的元素对），于是便定义了 S 上的一个序结构。其他结构可以类似地定义——只需每次给定与 S 相关的集合。例如，S 存在一种可加结构，也就是说，对于任何的两个元素 a, b，存在另外一个元素 c 使得 $a+b=c$。定义这种结构需要考虑一个新的集合 T, T 的元素是 S 中三元数组：那些满足 $a+b=c$ 的有序三元数组 (a, b, c)。数学教科书中包含很多结构的定义，比如群结构（见第 13 章注释 ①）、豪斯多夫拓扑② 等。这些结构是代数学、拓扑学和现代数学的基础。

令 S, S' 是两个带有序结构的集合，定义一个从 S 到 S' 的映射，将 a, b, $\cdots$ 映射到 a', b', $\cdots$，如果该映射使得当 $a \leqslant b$ 时就有 $a' \leqslant b'$，则称这个映射是保序的。我们以箭头表示从 S 到 S' 的保序映射：

$$S \rightarrow S'.$$

更一般地，通常用 $S \rightarrow S'$ 表示从一个有结构的集合到另一个有类似结构的集合的映射，该映射保持这个结构。用专业术语说，箭头 $S \rightarrow S'$ 表示态射。（因此，如果 S 和 S' 都有可加结构，态射 $S \rightarrow S'$ 将 a, b, c, $\cdots$ 映射到 a', b', c', $\cdots$，那么 $a+b=c$ 蕴含着 $a'+b'=c'$。）如果考虑的集合不带有可加结构，那么态射 $S \rightarrow S'$ 就是从 S 到 S' 的一个任意的映射。

范畴概念是带有态射结构的集合概念的推广。［因此，存在集合的范畴，其态射是映射；有序集的范畴，其态射是保序映射；群的范畴，其态射是所谓的同态映射（见第 13 章注释①）等。］当存在一个保态射的映射，将一个范畴映到另一个范畴，我们称这个映射为一个函子。范畴和函子是在 1950 年由［艾伦贝格和麦克莱恩③］引入的，

---

② 豪斯多夫（Felix Hausdorff, 1868—1942），德国数学家。他最重要的贡献在集合论和点集拓扑学方面。豪斯多夫拓扑空间是点集拓扑学中的基本概念。——译者注

③ 波兰裔美籍数学家艾伦贝格（Samuel Eilenberg, 1913—1998）和美国数学家麦克莱恩（Saunders Mac Lane, 1909—2005）在 20 世纪四五十年代合作。

很快就成为拓扑学和代数学中的重要概念。范畴和函子是 20 世纪后期数学中的基本概念，并被一些数学家（比如格罗滕迪克）经常使用。

总之，在 20 世纪末的数学中，数学中的结构和关系受到了长期的关注。一些问题和构造很自然地出现。在某种程度上，结构、态射和范畴、函子等概念回答了如何构造数学的基础。这个回答的质量是由得到结果的优劣衡量的。

以上论述可能造成一种错觉：当今数学是由范畴、函子等主导的。事实上，大部分数学几乎用不到这些概念。或许有人说，数学家花了不少精力去澄清概念，而不是单纯地做计算。但结构性的考虑也许是极少的。为了给出不同风格数学家的例子，我想提一下埃尔德什 (P. Erdös)④。与绝大多数数学家不同，埃尔德什云游世界四海为家，在任何机构都不长留。他对数学的贡献是多方面的，而且很重要⑤。尽管埃尔德什不相信上帝（他甚至称上帝是"超级法西斯"），但是他认为存在一本数学"天书"，"天书"中记录了数学定理的完美证明。受埃尔德什的影响，有人出版了一本名为《数学天书中的证明》⑥ 的书。该书通俗易懂，写作风格与布尔巴基学派完全不同，它将结构性的考虑隐藏于背后，而不是明显地写出来。埃尔德什是"解题者"，而不是"理论创建者"。后者的代表如韦伊和格罗滕迪克。一个优秀的"解题者"

---

④ 匈牙利籍数学家埃尔德什（Paul Erdös, 1913—1996），长期依恋母亲，食用安非他命成瘾，以及其他性格特点都使他看起来极富个性。值得注意的是，数学提供的特殊环境允许这种个性蓬勃发展。

⑤ 埃尔德什与陈省身一起荣获了 1983 年的沃尔夫数学奖。他曾与中国数学家柯召（1910—2002）合作，提出了组合数学中著名的埃尔德什-柯-拉多（Erdös-Ko-Rado）定理。关于他的传奇，可以从王元翻译的《我的大脑敞开了》或蔡天新写的《与保罗·爱多士失之交臂》（收入《数学传奇》一书）获得了解。——译者注

⑥ M. Aigner and G. M. Ziegler, *Proofs from THE BOOK*, Springer, Berlin, 1998 (5th ed. in 2014).（第三、四、五版有中译本，冯荣权、宋春伟、宗传明、李璐译，高等教育出版社。——译者注）如果你看看该书第 8 章的定理 1：任给平面内的不完全共线的 n 个点，存在一条线恰好通过其中两个点，你可能倾向于用射影几何的方法给出证明。《数学天书中的证明》一书中给出了不能用这种方法的理由。

必须对数学结构敏感，且能抓住数学结构激发的灵感。尽管结构不是解题者的研究目标，但仍然是他们解决问题的工具。

数学的概念化将延续以往的工作，并且将毫无疑问地继续拓广。或许有人说，从产生有效的概念和解决古老的问题看，数学结构的哲学探求已获成功。数学的概念化展示出某种数学现实，尽管这种现实无法从集合论的公理中看出。

以上的观点与数学柏拉图主义很接近。在《理想国》⑦ 中，柏拉图认为存在一个纯粹理念的世界。数学结构就像柏拉图的纯粹理念，只有数学哲学家能看到它。如果把数学结构比作雕像，那么数学家不能凭借随意的想象将其雕刻出来。雕像属于上帝的世界，是数学家揭开它们的神秘面纱，并展示了它们的内在美。

或许你知道为什么柏拉图的观点吸引了众多数学家，其中包括布尔巴基学派和埃尔德什这样风格迥异者。但我认为，它可能会产生某种误导，从而忽略一个本质的事实：我们所谓的数学是由人或人脑研究的数学。当我们讨论数学的形式方面时，人脑的考虑是无关紧要的，但如果涉及数学的概念方面时，则并非如此。数学概念是人脑的产物，应该会反映出人脑的特质⑧。

从下一章开始，我们将讨论人脑与现实特别是数学现实的关系。在了解人脑的机制之后，就可以探究下面的大问题了：数学的结构和概念何以是自然的？

---

⑦　参考第 2 章注释④。

⑧　为避免误解，我强调指出我并不遵循在某些圈子流行的科学文学观（亦即科学文本，就像其他文学作品一样，仅仅是产生它的社会经济条件的反映，因此也应该这样研究）。我相信文学方法错误地估计了科学文本的内容，并且文艺评论在研究人脑和科学的关系方面是有局限性的。

$$9$$

计算机与人脑

论起 20 世纪拥有最发达科学头脑的全才型人物，冯·诺伊曼① 可算是其中之一。他对于纯数学、物理学、经济学和数字计算机的发展都做出了极为重要的贡献。《计算机与人脑》② 是冯·诺伊曼的最后一本著作。当时他一边写作，一边忍受着癌症的折磨。在冯·诺伊曼去世之后，该书于 1958 年正式出版，书中对于人脑和数字计算机在结构和功能两方面进行了一番生动而又有趣的比较。

但是，能做这样的比较吗？将人类思想这一世界上最为高尚的事物与一台机器去做比较，是否是一种亵渎呢？科学家对于它是否算得上亵渎行为并不在意。我们注意到计算机和大脑都是信息处理的装

----

① 出生于匈牙利的美国科学家冯·诺伊曼（John von Neumann, 1903—1957）被认为是库勃里克（Stanley Kubrick）导演的影片《奇爱博士》（*Dr. Stranglove*）中主人公的原型。［另一位出生于匈牙利的美国物理学家特勒（Edward Teller, 1908—2003）也被认为是奇爱博士的原型。］

② 可参考 J. von Neumann, *The Computer and the Brain*, Silliman Memorial Letures Vol. 36, Yale University Press, New Haven, CT, 1958.（有中译本，《计算机与人脑》，甘子玉译，北京大学出版社，2010 年。——译者注）

置，所以两者之间必然有一些相似之处，例如需要拥有记忆来存储信息。将两种装置来做个比较是合适的。而且，正如人们事先所预料的那样，这一比较显示出计算机与人脑在很多方面都不相同。尤其值得注意的是，人脑的功能中有一些特性是计算机所没有的，因而两者在逻辑上未必有必然联系。这些特性，或者说缺点，将会影响人类研究数学的方式，这一点将在后文中讨论。

首先，让我依照冯·诺伊曼的方法（不过我们引入了新的信息，并且在目的上也略有不同），对计算机与人脑逐一进行比较。如同数学家经常采取的方式那样，我会从第一条开始论述，以将该点与其他条目区分开来。

一、计算机与人脑的构造原理是不相同的

计算机是人类的发明。它以数字的形式（比特）来处理和存储信息，而如何处理和存储信息由程序决定。不同的程序（软件）可以安装在同一台机器（硬件）上，这使得计算机具有强大的兼容性，而且用途广泛。

人脑是生物进化的结果。动物细胞核中的基因包含了神经系统的构建方式（当然也包含了其他信息）。通过长期反复试验（即基因突变和自然选择），这种构建方式不断得到改进。这里说的改进含有积极的意味：神经系统根据当时的环境朝着使主体提高生存和增加后代的概率的方向逐渐进化。神经系统让你远离有害的东西，获得可以食用的食物，并根据感官刺激决定自己的行为。大约在一二百万年之前，我们远古人类祖先的中枢神经系统发生了突破性的转变。最终，我们这一物种发展出了复杂的语言，创造了数学和语法。因此，人类的大脑成为一个灵活且多功能的装置，能够解决一些相对比较复杂的

问题（例如"169 的素数因子有哪些"）。这些问题计算机也能解决，但猴子就不能。（当然，也有一些问题，猴子比计算机或者人类更擅长处理，如爬树。）

说到进化，我要强调一下：我们比欧几里得或者阿基米德③拥有更先进的数学技术。但我们不敢说他们不如我们聪明。这样就反映出一个事实：我们在文化上的进化速度要远远领先于生物上的进化速度。对于计算机而言，其更新的速度也是相当快的，包括硬件方面（运算速度和内存大小）和软件方面（所支持程序的复杂程度和功能）。现在，计算机已经可以完成非常复杂的任务了，例如下国际象棋，或者将一种语言翻译成另一种语言。依我拙见，我必须承认我对计算机这种快速而无限制的进化感到恐慌。我绝对有理由相信，计算机的进化会超过文化上的进化；特别地，它们能成为比我们更出色的数学家。一旦这种情况出现，对于我们来说，生活就更加无趣，生命也就更没有价值。我们的世界见证过哥特式教堂的伟大时代走向终结，人类数学的伟大时代也可能走向终结。不过就目前来看，数学在继续，生活也在继续，所以我们继续对大脑与计算机做比较吧。 47

二、人脑的速度很慢，其体系结构是高度并行的

计算机是在离散的时间单位上运行的。这个时间单位也称为时钟周期，以时钟来作为衡量。每个时钟周期上，一些新的操作就会生效。现在，个人电脑的时钟可能以 1 000 MHz 的频率进行工作，这意味着，一个时钟周期是 1 ns（$1/10^9$ s）。相比之下，神经系统产生变

---

③ 出生于叙拉古的古希腊科学家阿基米德（Archimedes，公元前 287—前 212）因提出了一些工程和物理学上的领先思想而闻名，不过他最大的贡献在于数学方面。在他计算曲面面积和体积的方法中已经体现出牛顿和莱布尼茨创立的微积分思想。一直以来，阿基米德都被视为是历史上最伟大的数学家之一。

化的特征时间至少是 1 ms（1/1 000 s）。不过，一个指令耗费掉 100 ms 是容易发生的事情，因为在神经流中的传输速度大概是每秒 1～100 m。所以，对于人脑来说，有些事情是一瞬间发生的；可对于计算机而言，这段时间可比它们眼中的"快速"慢了几百万倍。（回忆起，电流的速度等于光速，是 300 000 km/s！）

计算机的高速度很适合完成一些重复的任务，其中每个阶段都为下个阶段提供更新过的输入信息。相反地，大脑则是利用大量的并行结构一次性地处理信息。例如，视神经将视网膜不同区域上获得的信息同时传递到大脑的不同区域。事实上，视网膜上扭曲的视觉形象（也就是你眼前的世界）会在大脑后部的视觉皮层上进行分析，而形象中的不同方面（颜色、方位等）会同时进行处理。并行的思想也被引入到某些计算机的结构中，称之为特殊用途计算机。但这仍然不能与我们大脑中 10^{10} 个神经细胞的运行方式相比。

慢速的、大量并行操作的人脑与快速的、高重复性的计算机形成了鲜明的对比。不过，在运行机制上，两者还有其他的不同点。

三、人脑的记忆力很差

有些人可以背诵长篇的文学作品如荷马（Homer）的史诗（《伊利亚特》和《奥德赛》）或宗教经典如《圣经》。但是，计算机通常可以做得更好：《大英百科全书》可以轻易地安装在光盘驱动器或一块现代硬盘上。当然，如果因此就妄下结论，认为计算机要比我们强，这是不妥当的。背诵长篇的文档并不是我们记忆功能的主要用途；而且很难量化我们的记忆所真正擅长的是什么。虽然如此，我们还是要对人类记忆不适合进行数学研究这一观点进行辩驳。像计算机一样，人类也有多种类型的记忆，不过粗略地可以分为长时记忆和短时记

48

忆，对我们的后续讨论已经足够了。将事物转化为我们的长时记忆是需要时间的（这显然需要蛋白质的合成）：如果只读一遍，你不会记住一长串随机的词语或者数字。短时记忆是让你记住刚刚摆在你面前的一系列条目，一般是限制在 7 个条目之内。这就意味着，如果将某个手机号码（一般为 11 个数字）读一遍，然后在不看通讯录的前提下将这个号码拨打出来，可能是一项难以完成的任务。对人类来说，能准确拨打刚刚只看一遍的电话号码并非攸关于种族的生存延续，否则，自然选择的作用会让我们更加擅长完成这个任务。

事实上，数学家通过经年累月的研究，才将许多事实转变成了长时记忆。例如，他们记住了交比（见第 3 章）的定义，它反映在射影变换这一过程中。对于短时记忆，可以通过使用黑板、纸张或电脑屏幕来进行弥补。这些物品可作为外部记忆，只要看一下就能回忆起来。长时记忆也可以通过书籍和其他视频媒体来补充。这就是我们要谈的另外一点了。

四、人脑有高度发达的视觉和语言系统

我们的视觉系统经过了几百万年的进化，现在已成为相当有效的工具。一瞬间我们就可以辨认出复杂环境下藏匿着的动物或物体。显然，这一能力对我们祖先的生存来说是至关重要的。不过，我们现在利用这种能力来看几何图形、图表、公式和数学文本。即使我们能制造一台有数学能力的计算机，也无法为它配置出一套复杂的视觉系统。既然拥有这一美妙的工具，我们就应该灵活运用它来研究数学。换句话说，我们研究数学的方式将会受到我们复杂而有效的视觉系统的强烈影响。

从进化论的观点上来看，人类通过语言来交流复杂抽象信息的能

49

力只有很短暂的历史（大约起始于 5 万年前）。它在人类生存中体现出来的价值是显然的，同时也解释了目前庞大的人口可以拥挤于地球上的原因。研究数学离不开人类自然语言的使用④。这个语言可以是古希腊语、现代英语、汉语或其他任何口语化或书面化的语言。从根本上讲，我们所称的数学都采用了某种自然语言，尽管数学家坚称原则上一切数学都可以写成形式化的语言。然而，在实践中，形式化的语言并未被使用，也根本不能被使用。的确，我们的自然语言功能强大，用途广泛。我们不得不依靠自然语言这一事实，是人类数学的一个特性——或者说缺点，它使得对数学文本进行任何机械化的验证都成为不可能的事情。这与本章中最后讨论的观点有关。

五、人类思想缺少形式上的精确性

计算机能够完成的一项最为轻松的工作，就是将两段很长的文档放在一起比较，并找出两者之间的异同。文档可能是爱尔兰语或冰岛语写成的小说中的部分章节。在不到 1 秒的时间内，计算机就可以告诉你，两段文档中是否有词语拼写不同的地方。对于人类来说，完成这一任务费时费力，此外还要看你是否懂得爱尔兰语或冰岛语。如果将小说文档替换为《大英百科全书》或全美的电话号码簿，这个任务对人类来说几乎是不可能完成的，但对于电脑仍然是很容易的。

上面的例子说明，如果某个任务很长，还要求执行时不出错⑤，

---

④ 有一种普遍的观点认为：想与说是等同的。例如，柏拉图曾写道《智者篇》："思想和言语难道不是一样的吗？只不过我们认为思想是无声的演说，是内心灵魂与自身的对话。"可参考 *Plato's Complete Works*，ed. J. M. Cooper and D. S. Hutchinson, Hackett Publishing, Indianapolis, 1997, 287. 数学思想的训练显示出非语言因素的重要性，尤其是视觉因素。

⑤ 计算机也会产生一些随机的错误，称为小故障（glitch）。（通过重复、检查等手段）消除这类错误的方法正在研究之中。不过，以当前的科技水平，这类错误的等级很低，在当前的讨论之下可以忽略不计。

只要它在逻辑上是简单的，那么用计算机来处理就很容易，让人脑来
处理却很困难。这确实是我们研究数学的一个缺点。当然，如果我们
看到一个物体，然后辨认出它是一只猫还是一把铲子，这我们可比计
算机在行多了。而且我们的优势在于能够进入数学的创造性领域。但
我相信读者们也会认同这个观点：我们求解数学问题的方式是有些特
殊的。如果外星球的数学家同行来拜访我们，它可能会对我们的处理
方式感到迷惑不解⑥。

---

⑥ 见 D. Ruelle, "Conversations on mathematics with a visitor from outer space", *Mathematics: Frontiers and Perspectives*, ed. V. Arnold, M. Atiyah, P. Lax, and B. Mazur, Amer. Math. Soc., Providence, RI, 2000，251—259.（中译文见本书附录一。）

10

数学文本

正如谈论物理现实一样，我们也谈论数学现实。数学现实指其逻辑属性，而物理现实与我们生活和感知的世界相关。这并不意味着可以定义数学现实或物理现实，而是说可以通过数学证明或物理实验触及它们。我们能做出猜测，证明或者否定这些猜测。人脑和数学或物理的关系是复杂的。第 9 章中关于人脑与电脑的比较已经揭示了潜藏在人类思维对数学的应用之下的种种微妙。下面我们从另外的角度考察数学活动的最终产物：数学文本。

在讨论书面文本之前，我们先看看演讲、研讨班、学术讨论会等口头文本。做口头报告时，数学家边讲边在黑板演算，时间在一个小时左右。目前，黑板常被投影仪取代。尽管如此，数学的口头报告与其他学科的口头报告仍然有很大差别。比如，哲学家可以坐着朗读精心准备的文本，物理学家可以用电脑展示绚丽的图片和生动的内容。但数学家往往更钟情于传统的粉笔和黑板（或其变异品，如白板）。粉笔和黑板限制了听众单位时间内接受的信息量，因此一次报告只能传递极其有限的内容。事实上，速度过快或者时间过长（比如连续讲两个小时而非一个小时），都会影响听众的接受。这一点，电脑与人脑不同，电脑可以连续运行几天而无须休息。

书面文本可以是书、文章（论文），长短不限。文章可以发表在特定的刊物或者发布到互联网上。论文是人类数学实践的基本产品，其内容必须是正确的，而且可以随时验证。只有正式发表后，一个新的数学想法才算得到认可。

为了当前讨论的方便，我们可以认为一个数学文本通常由三部分组成：图形、语句和公式。

一、图形

在欧几里得几何中，图形[1]和构造图形有重要作用（例如过点 C 作线段 AB 的垂线）。特别当情形比较复杂时，图形可以辅助记忆[2]。借助图形进行推导非常有效，这也可以解释为什么几何学最先成为数学的一个分支，并获得了许多艰深的结果。

尽管如此，你可能发现，现代数学论文中通常没有任何图形，即使几何方面的论文也是如此。这是为什么呢？因为在证明一般性结论时，过度依赖具体图形常导致错误。有鉴于此，一般不鼓励使用图形进行论证。但图形可以吸引注意力，辅助记忆，所以仍然是有用的，尤其是口头演讲中。

---

[1]　内茨（Reviel Netz）曾给出了详细的分析，见 *The Shaping of Deduction in Greek Mathematics: A Study in Cognitive History*，Ideas in Context，**51**，Cambridge University Press，Cambridge，1999.

[2]　你或许想通过以下问题锻炼你的技能。取空间中三个互相垂直的坐标轴 Ox，Oy，Oz。考虑以 Ox 为轴、R 为半径的圆柱 C_x，类似的有 C_y，C_z。这三个圆柱（半径相等）相交于 S，S 的表面是弯曲的。问题：S 看起来像什么？它有几个面？面的形状如何？它们是如何连接的？结合直观形象和推理，你能得到正确答案，但有点费力。而在纸上画图则让事情更简单。（一次画两个圆柱的交面。）

设想一个演讲者说：设 A, B 是黎曼流形 M 中的两点，考虑连接 A 和 B 的一条测地线。与此同时，他（或她）在黑板上画出下图。

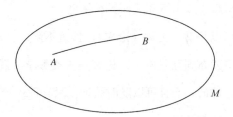

虽然数学论文中论证往往不借助图形，但是许多读者会在大脑中形成图形。

因此，没有图不意味着不借助几何直觉；恰恰相反，数学家欢迎几何化：包括给出数学（如代数或数论中的）对象的几何解释，即使这些对象原来并非几何的。

虽然直观很重要，但不得不承认，这并非逻辑的需要。有些人不使用直观，比如法国数学家施瓦茨③，他声称自己在这方面没有特长，连认读驾车路线图都很困难。这表明，数学的内在表现是多种多样的，不同数学家有不同的理解。可惜，我们对这点了解很少，此处不予详述。

二、语句

上面我们提到过一个典型的数学语句"设 A, B 是黎曼流形 M 中的两点，考虑连接 A 和 B 的一条测地线"。这个句子使用了字母（A, B, M）和一些专业术语（测地线、黎曼流形）。将其翻译成法语、德语或者其他语言都是容易的。如前所述，对于数学实践，某种自然语

---

③ 施瓦茨（Laurent Schwartz，1915—2002），因为创立广义函数论而获得了 1950 年的菲尔兹奖。

言是需要的，即使原则上并非如此。没有图和公式，数学研究照样可以进行，但没有语言则不行。

语言在人类思维中起着中心（虽然并非独一无二）的作用。语言是多样性的，它在数学中的应用与在诗歌中的应用相去甚远。何以至此呢？让我们先看下面的句子："设 N 是一个黎曼流形，取 N 中的一条测地弧 AB。"除了赋予黎曼流形新的名字外，这个论述和之前没有任何区别。而在诗歌中，更换名字意味着所谈论对象的改变。例如，爱伦·坡（Allan Poe）的诗《大鸦》（*The Raven*）④。如果将诗中的"莉诺"（"Lenore"，与前一句中的"nevermore"谐音）换成其他名字，比如麦迪逊（Madison），然后更改一些词语和语法形式，那么一首名诗变得不知所云。显然，对大脑而言，阅读诗歌与阅读数学是截然不同的活动。对诗歌而言，形式上的规律与否是其本质的一部分⑤。但

---

④ 爱伦·坡的诗《大鸦》（又译作《渡鸦》《乌鸦》）是一首著名的叙事体诗歌，其语言优美，极富乐感，读来朗朗上口。独特的语言格式和节奏，烘托出了超自然的气氛。这里作者以《大鸦》为例，旨在说明，语言形式对于诗歌表达的重要性，语言形式直接影响了内容的表达。这与数学不同，数学的内涵不依赖于表达的形式。

⑤ 如果换个语种表达，原来的诗也许就不能称之为诗了。原因在于，随着语种的变换，语言的韵律、语法、词汇、同义词、词句的意义等都会发生改变。例如，德语的重读音很强，歌德的诗句就很好地诠释了德语美之特征（引自《魔王》的开头）：

夜色朦胧，是谁在风中奔驰？（Wer reitet so spät durch Nacht und Wind? ）
是那位父亲，带着他的孩子。（Es ist der Vater mit seinem Kind. ）

与德语不同，法语的重读音就很弱，在此举出阿波利奈尔（Appllinaire）的一段诗为例（引自《秋水仙》）：

秋水仙盛开，它绽放淡紫的流彩，（Le cokhique couleur de cerne et de lilas,）
一如你的眼睛。（Y fleurit tes yeux sont comme cette fleur-là. ）

伟大的诗歌是由形式、意境、联想等要素完美结合在一起的产物。我认为，将诗歌翻译成其他语言不是个好的尝试。当语种发生变换时，如果再期待诗歌的语言魅力能像原著同样具有奇迹一般的魔力，那很可能会是镜花水月一场。不过用其他语种将诗歌［例如，十字若望（Saint John of the Cross）的西班牙语诗歌］转译成散文倒是个不错的事情。就算没看过原著，或者不了解这首诗歌的人，如果能读到上乘译作的话，也能感受到诗一样的优美意境。

对数学而言，形式并不是很重要⑥。假设你会两种语言，在和同事讨论一个想法，事后你会记住哪些谈话是关于数学的，但记不住用了哪种语言。

三、公式

数学文本通常认为与公式相关，就像我们在第 4 章见到的：

$$\frac{U-A}{M-A} : \frac{U-B}{M-B} = \frac{M-A}{V-A} : \frac{M-B}{V-B}, \qquad (*)$$

公式和语句之间并没有本质的区别。事实上，你可以这样叙述以上公式（*）："U 减去 A 的差除以 M 减去 A 的差与……之比等于……"⑦ 大部分数学家更喜欢公式而非语句，至少有以下两个原因：第一，类似于图形，公式也比较直观，容易记忆；第二，利用规则，可以相对容易地从一个公式推导出另一个公式，并且犯错的概率很小。在公式（*）的情形，我们还要利用额外的信息，即 M 是 AB 的中点。用公式表示这个信息：

$$(M-A):(M-B)=-1. \qquad (**)$$

---

⑥ 在翻译本段文字时，译者曾与香港中文大学翻译系的童元方教授通信，请教她是不是可以为我们的中译本提供一个相当的中文诗例子来替换这首国人并不熟悉的《大鸦》。童教授答复说（感谢童教授慨允我们引用此信）："我反对换例。尤其例子牵涉音韵的，绝对是无例可换。爱伦·坡的《大鸦》，好处大部分来自诗行尾韵的重复。多朗诵几遍，味道就出来了。你记得我所提到的表达能力的问题罢？我与你引的那两句话的作者（按：指本书作者吕埃勒）看法差不多。在数学的语言中，你可以用不同的形式来表现，对问题的内容没什么影响。换言之，你可以用不同的形式或解或证同一道题。但对一首诗而言，换几个字就不成其为诗了或不完美了。形式比内容重要得多。人生的寂寞苍凉，人人有感，但说不出，或说不好，就不是文学。有内容也没什么用。"——译者注

⑦ 大部分数学家使用合适的软件，像 Tex，在笔记本电脑或电脑终端上输入他们的手稿。用 Tex 书写的公式很像英语句子；事实上，公式（*）是如下输入的：
$ $ \ frac {U−A} {M−A}：\ frac {U−B} {M−B} = \ frac {M−A} {V−A}：\ frac {M−B} {V−B} $ $
Tex 也会为盲人数学家开发功能，使他们能更容易理解上述公式（有限个符号的线性重排）。

$$(U-A)(V-A) = (U-B)(V-B).$$

（对于受过专业训练的数学家来说，这是显而易见的。）于是，由简单的计算得到

$$\frac{U+V}{2} = \frac{A+B}{2} = M,$$

这就是蝴蝶定理的证明（见第 4 章）。

现代数学还多了一个重要的智力工具，即系统而简洁的公式。这是相对于古希腊数学的本质变化。与之前提到的图形类似，公式也常常出现在数学家的大脑中，尽管有时并不具体写出。公式并非一定与数字有关。公式 $A \subset B$ 说的是集合 A 包含于集合 B 中（而 $a \in A$ 则是说元素 a 属于集合 A）。任何逻辑关系都可以用公式表示。除去自身含义外，原则上，公式要容易记忆和推导。

我们反复申明，原则上，数学可以不借助任何语言呈现出来，这种呈现就是"只有公式"，而且可以机械地验证它的正确性。事实上，一些数学家（尤其是初学者）喜欢写公式，而不是语句，因为他们认为前者更"严谨"。但是，这导致了难以收拾的混乱。想要有效地将数学传递给人，必须巧妙地选择哪些用公式表达，哪些用语句表达。这种选择能力与纯技术才能不同，它是一门艺术。在这方面，某些数学家比他的同行要高明得多。

11

荣 誉

在前面的几章里，我们探讨了数学的本性。现在让我们暂停这个话题，思考为什么人们要从事数学研究或者更一般的科学研究（与其他的研究领域相比，数学更独立，更像是一种纯粹的智力游戏，但这仅仅是程度上的区别，而非本质的差异）。当然，人们可以为了挑战、兴趣、财富、名声等从事科研。了解这些动机虽然不能帮助我们认识数学真实的结构，但是能加深对人性和社会的认识。这一章，我们将以谦逊的态度探讨科学家与科学之间的情感联系。

我的理论物理学家同事米歇尔认为，人们选择以学术为事业是因为缺乏想象力。为什么这么说呢？假如你在中学学业优秀，一个很自然的想法是进入大学深造。同样地，如果没有强烈的愿望及早步入"现实生活"（不论它是什么），你会一直读到博士。此时，学术生活对你来说就是现实生活了——很难想象博士去从事别的工作。缺乏想象力导致你留在学术圈"做研究"和做与研究相关的事情。好的研究要求解决新问题，提出新解法。这需要想象力。但是，好的研究同时也需要大量重复的工作，有些是细致和复杂的，要求谨慎精确，却不必具有很强的想象力。也就是说，即使优秀的研究多多少少需要有想象力，那也并不意味着缺乏想象力的人就无法胜任科学研究。

科学和科学研究基于理解自然的欲望。稍后我们将对这方面有所了解。但是科学还有其他动机（如前面提到的缺乏想象力），其中很重要的一个就是科学的奖励机制，这就是下面要讨论的内容。

跟其他动物一样，人类也有本能和欲望（它会随着后天的经验而被加以修正），无论人是否察觉，这些欲望都决定着呼吸、觅食和性行为等。这些本能有不少是生理学研究分析的对象。这往往与令人愉悦或烦恼的刺激有关，例如，当人感到疼痛或瘙痒时，细胞会释放一种叫组胺的物质。但是，需要警惕一种过度简单和机械的解释：把一切本能都归结为对愉悦或烦恼刺激的反应。羚羊逃离狮子，并不是因为它记得被狮子吃掉是一种悲惨的经历。远离危险的野兽是动物和人与生俱来的本能。这可以解释为什么大部分人会避开蛇、蜘蛛与发怒的狗。除此之外，人是社会性的动物，因此，或多或少，我们要遵守社会法则。

父母的言传身教也是我们形成某一特定行为的一个诱因。除亲生父母外，感情上被当作父母的，甚至可能是上帝，他告诉我们应该做什么不该做什么。上帝可以看作最杰出的父权形象。对遵从自己意愿的人，他是好心的，而对违反他意愿的人，他的报复也是可怕的。上帝的这种形象不断强化其主宰地位，若遭抵抗，则被视为劣行、犯罪和危险的事情。大家别忘记，布鲁诺①因为哲学观念与天主教教义冲

57

---

① 布鲁诺（Giordano Bruno, 1548—1600）是一个意大利哲学家。对于他和无数不顾当局压制而勇于发言，并因此遭受过痛苦或正在遭受痛苦的人，我们现在享受的言论自由要归功于他们。

突而被烈火焚身。我们也不能忘记，极左或极右的极权统治，都使无数人受难。

科学中自由讨论的权利并非男女平等。自由地进行哲学思考、质疑宗教和社会结构，这些不是社会法则，而是例外。社会法则恰恰是要尊敬周围的权力，接受周围的意识形态。权力和意识形态时刻在变，尽管我们可以改变它们，但是它们自始至终存在。或许，这让人不安，但这却是不可打破的铁律。如果我们生活在自由民主的国家，那么很容易接受社会的权力结构和意识形态。但换到另一个地方，社会法则就改变了：比如美国总统总是频繁地提到上帝以示感激，而法国总统则不允许这样做（因为法国的政治与宗教是独立的）。

尽管可能会有点啰唆，我们还是要重复以下论述。权力结构和强制力也许采取最令人反感的形式。但不论令人反感与否，它们都是人类社会产物的一部分。权力结构和强制力可以采用野蛮的方法强化，但它们也是以人类的心理结构和对上帝形象的接受为基础的。这种解释也适用于科学。与其他领域相比，科学领域有更大的自由讨论空间，但是权力结构和强制力仍然存在。权力结构是以职位和薪水表示的，强制力表现在承认发表在科学期刊上论文的结果。整体上，这个系统运行良好，效率和结果令人满意。当然，还有继续改进的空间，但我反对将其摧毁。必须指出的是，一些科学家由于其杰出的贡献，受到的赞誉和荣誉，竟使其成为该领域的"教父"（似乎格罗滕迪克就是如此）。对科学家而言，科学荣誉既是一种很深的情结，也往往会引发一些不合乎理性的事端。历史上不乏这样的科学家，其科学研究出色，却因为没获得期待的荣誉，而断送了自己成为伟大科学家的前程。仔细思量一下，荣誉在某些时候不是福缘反倒是祸水，这实在令人感到丧气。

所谓荣誉，我指的是，加入某个学术团体、获得某种奖章、做特邀讲座或者担任某有声望的职位。荣誉带来各种奖励：自我满足、金钱、政治权力、专业协助，当然，还有为此而付出个人时间的义务。因此，接受荣誉包含物质和精神的、理性和非理性的方面。而且，荣誉往往还会带来"一人得道，鸡犬升天"的效益。例如，某个大学的教工中，有几位诺贝尔奖获得者，那么该校在资金筹措上是相对容易的：这些诺贝尔奖获得者的角色如同一支优秀的美式橄榄球队。

数学中没有诺贝尔奖。在 20 世纪六七十年代，数学家为此感到高兴。数学才华不是以百万美金衡量的，数学家也不能与橄榄球运动员相提并论。数学中有一个声望卓著的奖——菲尔兹奖，但它只授予 40 岁以下的数学家，且奖金菲薄（不像诺贝尔物理学奖，约 100 万美金）。据我所知，汤姆和格罗滕迪克并不十分看重他们所获的菲尔兹奖。（汤姆曾说，由于他的妻子放置不当，他的菲尔兹奖章遗失了。）

然而，随着时间的推移，菲尔兹奖被公认为数学中的"诺贝尔奖"。现在，一些其他奖项也授予数学家，价值约 100 万美金，都宣称自己是"诺贝尔数学奖"②。一些世界级数学问题悬赏百万征求解答，而许多数学家也津津乐道"百万美金问题"③。有些数学家认为给黎曼假设贴上"百万美金"的标价很无趣。当然，如果数学才华以

②　挪威的阿贝尔奖（The Abel Prize），于 2003 年开始颁发，奖金与诺贝尔奖奖金相当，获奖者必须是对数学做出基本贡献和声名卓著的数学家。因此它被认为是"诺贝尔数学奖"。2002 年，中国香港著名的电影制作人邵逸夫先生创立了邵逸夫奖（The Shaw Prize），对数学、医学、天文学 3 个学科设置了奖项。2004 年，陈省身（1911—2004）成为首届邵逸夫数学奖得主。——译者注
③　2000 年，美国克雷数学研究所选定了 7 个"千年大奖数学问题"，并为之设立了 700 万美金的奖金，因此这 7 个问题又被称为是"百万美金问题"。

每单位百万美元计算，那也远远低于高尔夫、网球或赛车项目④。好了，百万美金问题我们就此打住。

我认为目前荣誉在数学中承担了过多的角色。原因是现代数学越来越专业、越来越难以理解，衡量数学工作十分困难。比如，数学家张三证明了某定理，与其解释该定理，还不如直接说张三因此项工作获得了某个奖简单。但是，尚且不论某个奖是否够分量，这种说法本身的学术味道就淡了许多。事实上，某个奖不是由全能的上帝颁发的，而是由一个评奖委员会经过评选后产生的，因而无法保证每次评选都名副其实。授予某科学家某种荣誉，通常要考虑身份、年龄等因素，但是不应受种族、性别、政治观点等的影响。然而，这些东西其实常常起着决定性作用。

让我们看一个例子。某知名数学系（比如说普林斯顿大学数学系）想招聘一名新教员。招聘工作由称职的数学家完成，这些数学家能发现和评判有才华的年轻人。该数学系想要遴选优秀的同事，做出正确的选择是很容易的。相比之下，一个评奖委员会并不能十分胜任此种任务，但他们想维护自己的声誉。一个保险的办法是，寻找已经获得各种荣誉的候选人，发给他或她更多的奖项。否则，仅凭传闻（该人差不多证明了一些重要的结果）就颁奖给某候选人，可能会做出糟糕的选择。

佩雷尔曼（Grigori Perelman，出生于 1966 年）的例子可以解释奖项和荣誉的不协调。佩雷尔曼是一名俄国数学家，在几何领域做出

④　一些人因为体育方面的杰出才华而受到公众的丰厚奖赏。这本身并没有任何错误，错误的是金钱诱使人们服用兴奋剂和作弊，使得体育运动不再是健康的活动。同样，对重大的科学成就给予慷慨奖励也没有错误。事实上，我完全赞同这样做。但赋予奖励过度也包含着危险，需要引起警惕。欺诈（比如展示弄虚作假的成果）已经成为医学、生物和物理学中的一个问题，并且有征兆表明，金钱的腐化作用不会永远不光顾数学。

了基本的工作。他证明了重要而艰深的瑟斯顿几何化猜想⑤，作为该猜想的特例，三维庞加莱猜想也被证明了。为了表彰其工作，2006年，佩雷尔曼被授予菲尔兹奖。但他拒绝领奖，并对数学的道德标准表示失望。他说，绝大部分数学家是守规矩的，或多或少是诚实的，但他无法容忍那些不诚实的人。跻身数学名人之列让佩雷尔曼处在了令他感觉不舒服的位置。目前，他离开了数学圈，失业在家，与母亲一起住在圣彼得堡。

佩雷尔曼的故事常常让人想起格罗滕迪克。两人均感到他们被强行推到了不喜欢的位置，并且两人都离开了数学界。有一种媒体大肆鼓吹的观点说，数学的全部就是通过激烈的竞争赢取大奖。对数学而言，像佩雷尔曼这样的数学家远离这一观点是件好事，但他付出的代价是沉重的。

我想说，对科学家和荣誉的评价可能运行良好也可能不好，但这是人类科学必需的一部分。它们可能是麻烦事，但这确实是一个严肃的问题，不容回避。然而，严肃的问题常得到过分严肃的对待。不过，下面的故事也许会给人意想不到的宽慰。

我曾经参加巴黎科学院的一个庄严的会议，会址在法兰西学会的炮塔下。听众都是著名人士，身穿绿色的院士服，一手托三角帽，一手执剑。好些演讲是关于科学院的精彩生活的；其他演讲则是关于人类和地球的未来、科学家的责任等。几个小时之后，会议结束。我还有一些事情要做，因此迅速地离场。当我冲出后，发现情况不妙：我正处在两列士兵之间，士兵身着华彩服装，利剑出鞘。这是共和国卫

---

⑤ 瑟斯顿（William Thurston, 1946—2012），美国数学家，他在1970年代提出了著名的几何化猜想。这是一个有关三维流形几何化的更强大、更普遍的猜想，认为任何三维流形都可分解为8种简单的模型。——译者注

队。他们正踩着鼓点（不是小号，不然那就成为最终的审判了）欢迎身穿绿色服装的院士。我的衣服和出现的时机都糟糕透了。我本该在队外，而不是站在两列英姿飒爽的士兵之间。我想尽量不引人注意，但穿梭在两列卫队之间游走怎么能不引人注意呢？我左顾右盼，保持冷静。随后我发现了卫队队长：一个大汉。他高大威猛，容貌出众，面无表情。我不由地盯着他看。他也冷冷地看着我。然后，我注意到他闭上一只眼，又慢慢睁开：这个充满善意的眼色让我如释重负。

61

62

数学与人类思维

$$12$$

无穷：上帝的烟幕

现在我们返回数学家的本质活动：从其他定理或基本公理出发，应用逻辑推导来证明定理。所有的数学都可以从集合论发展出来，因此集合论的公理就是我们所需要的一切。今天所做的大多数数学是基于一种被称为 ZFC {Zermelo-Fraenkel-Choice，3 个词分别代表 Ernst Zermelo［策梅洛①］、Adolf Fraenkel［弗伦克尔②］和 Axiom of Choice［选择公理（表述可见第 13 章注释⑤）]} 的公理体系。事实上，数学家极少应用 ZFC 的公理：他们所需要的往往只是那些可以从 ZFC 导出的为人熟知的定理。因此，如果你想证明存在无限多个素数，你通常并不需要从 ZFC 导出这一事实。你所需要的是那些人们业已建立起来的联系于整数与集合论之间的概念，以及已经得到的关于整数的一些众所周知的事实（见后面的论述）。

---

① 策梅洛（Ernst Zeemole, 1871—1953），德国数学家、理论物理学家，对集合论做出了基本贡献。

② 弗伦克尔（Adolf Fraenkel，1891—1965），数学家，生于德国，1929 年移居到耶路撒冷。

你可以在很多地方查到 ZFC 公理的论述③。我在《数学百科辞典》④ 上查到了用形式语言表述的 10 条公理，其中第五条公理是

$$\exists S \quad \forall x (\neg x \in S).$$

记住，你必须知道那些允许你对公理和定理中的符号进行操作的"逻辑法则"。同时，你所书写的形式表达也应该具有直观的含义。原则上，做数学可以不需要直观含义，但在人类数学家看来，直观含义通常是非常重要的。至于第五条公理，它说的是，存在一个集合 S，使得对于任意的元素 x，断言 x 属于集合 S 都不成立。换言之，存在一个集合 S，它不包含任何元素。这个集合 S 称为空集，通常记作 $\varnothing$。因此，第五条公理断言，存在一个空集 $\varnothing$。一旦你有了空集 $\varnothing$，你就可以考虑一个（新的）集合 $\{\varnothing\}$，它只有一个元素，即空集 $\varnothing$；更进一步，又可以考虑集合 $\{\{\varnothing\}\}$，它只有一个元素，即 $\{\varnothing\}$。你也可以考虑具有两个元素 $\varnothing$ 和 $\{\varnothing\}$ 的集合 $\{\varnothing, \{\varnothing\}\}$，具有 3 个元素 $\varnothing$，$\{\varnothing\}$，$\{\{\varnothing\}\}$ 的集合 $\{\varnothing, \{\varnothing\}, \{\{\varnothing\}\}\}$ 等。如果这让你有一点晕，请不必担心：这只是完全正常的反应。但注意到，我们已经发现了一种引进自然数 0，1，2，3，… 的方法，只要将它们与集合 $\varnothing$，$\{\varnothing\}$，$\{\varnothing, \{\varnothing\}\}$，$\{\varnothing, \{\varnothing\}, \{\{\varnothing\}\}\}$，… 联系起来。

但这不是详细讨论 ZFC 公理的地方。然而请允许我提一下第六条公理，用日常语言来说，它说的是存在一个集合，它具有无限多个元素，或者正如数学家更喜欢说的，存在一个无限集。既然自然数

---

③ 例如，一个不同的版本可见高尔斯（Timothy Gowers）主编的 *The Princeton Companion to Mathematics*（有中译本，《普林斯顿数学指南》，齐民友译，科学出版社，2014 年）第 620 页，普林斯顿大学出版社，2008 年。——译者注

④ *Encyclopedic Dictionary of Mathematics*（2nd ed.，4 vols.，MIT Press，Cambridge Mass.，1987），译自日文［第三版，伊藤清（K. Ito）主编，日本数学会，东京，1985］。（该书第二版有中译本，《数学百科辞典》，科学出版社，1984 年。——译者注）值得注意的是，这个纲要中呈现了 20 世纪许多重要的数学。

0, 1, 2, 3, …构成一个无限集是如此得显然, 那么数学家为什么还坚持要这条公理呢? 要点在于, 公理是第一位的而整数则是其次的, 而且当你为数学提供一个坚实的基础时, 直觉上看起来显然的东西是次要的考虑。康托尔在19世纪末创立的抽象集合论的宏伟构造曾引发了一些悖论⑤并导致了数学基础的危机。我们必须感谢逻辑学家, 他们在20世纪初的卓越工作中为我们给出了集合论的一个公理基础。

然而, 我忘了说什么样的集合是无限集。一个形式化的定义是, 如果一个集合与它的一个真子集具有相同多个元素(能建立双射), 那么该集合就称为无限集。例如, 自然数的集合0, 1, 2, 3, …是无限集, 这是因为: 首先, 它与偶数的集合0, 2, 4, 6, …具有同样多的元素(为看出这一点, 将每个自然数 n 对应于它的2倍 $2n$); 其次, 偶数集0, 2, 4, 6, …是自然数集的真子集(因为奇数不在其中)。既然现在我们定义了无限的含义, 那么说存在无限多个素数就有意义了。

如果两个素数相差2, 则我们称它们是孪生素数对, 例如, 3和5、5和7, 11和13, 17和19等。人们相信但尚未证明的是, 孪生素数对有无限多对⑥。因此, 虽然ZFC公理为我们的数学给出了一个满意的基础, 但这并不意味着, 所有看起来合情合理的问题都可以很容

---

⑤ 作为朴素集合论的悖论的例子, 我要提一提罗素悖论(它等价于所谓的"理发师悖论")。我们称集合 x 是第一类的, 如果它不包含自身作为元素($\neg x \in x$); 称集合 x 是第二类的, 如果它包含自身作为元素($x \in x$)。于是, 一个集合要么是第一类的, 要么是第二类的, 并且不能同时是第一类和第二类的。记 X 为所有第一类集合的集合。如果 X 是第一类的, 则 X 不包含于 X——这个所有第一类集合的集合, 这就得到了矛盾, 因为 X 是第一类集合。如果 X 是第二类的, 则 X 属于 X——这个所有第一类集合的集合, 即 X 是第一类的, 同样矛盾! 这意味着, 引进像"所有集合的集合"这样的概念将会引起麻烦, 因此在严格的公理集合论中是不允许的。

罗素(Bertrand Russell, 1872—1970), 英国逻辑学家和哲学家, 也以他和平的政治立场(与诺贝尔文学奖得主)而闻名。

⑥ 最近, 华人数学家张益唐在这个方向上做出了突破性进展, 他证明了, 存在无限多组素数对, 每一组的差都不超过70 000 000。如果将70 000 000改进到2, 就是孪生素数对猜想的结论了。关于这个问题的最新进展, 可关注 http: //en. wikipedia. org/wiki/ Prime_gap。——译者注

易地回答。事实上，哥德尔的不完全性定理说，无法对所有的数学问题给出系统的解答。

让我们暂时先将哥德尔放在一边，尝试着用蛮力来解决孪生素数对的问题。我们可以列出不超过某个 N 的所有素数（可以很具体地办到），然后从中挑出孪生素数对（也可以很具体地做到），然后我们就僵住了：如果我们想对任意大的 N 计算，就要耗费无限多的时间。因此，孪生素数对的问题之求解隐藏于无限大：N 的取值可以任意大。

那么我们如何知道存在无限多个素数呢？解答在于，我们并不尝试列出所有素数，取而代之的是一种非常聪明的数学论证。这个论证为欧几里得所知晓：将从 1 到 n 的所有自然数的乘积 $1 \times 2 \times \cdots \times n$ 记为 $n!$（读作 n 的阶乘）。显然，对于每一个从 2 到 n 的自然数 k，$n!$ 都是 k 的倍数；换言之，k 整除 $n!$（也就是说，$n!$ 除以 k 所得余数为零）。但 k 不整除 $n!+1$（因为 $n!+1$ 除以 k 所得余数等于1）。因此，每一个整除 $n!+1$ 的（大于 1 的）数 k 必定大于 n。特别地，$n!+1$ 的任意一个素因子 p 必定大于 n。对于任意大的 n，我们就可以找到一个大于 n 的素数 p：即存在无限多个素数。注意到，在上述论证中我们并没有返回到 ZFC 公理。取而代之的是，我们形式地应用了关于整数的一些众所周知的概念和事实，比如，算术基本定理——每一个大于 1 的正整数都可以（在不计因子次序的意义下）唯一地写成素数的乘积。这就是数学取得进展的通常方式。但原则上一切都可以返回到 ZFC，将整数关联到集合论，并以绝对严格的方式前进。

数学的优美在于，聪明的论证对用蛮力毫无希望的问题给出了一个解答，不过并不能保证，聪明的论证总是存在！我们已经看到一个聪明的论证可以来证明存在无限多个素数，但我们不知道存在无限多组孪生素数对的任何证明。

现在让我们尝试另一个想法。从你喜欢的一组公理（比如 ZFC）开始，你可以系统而机械地写出所有正确的证明的清单。因此，你可以写出所有可以从公理证明的命题的一个清单，在每一步你都可以检验是否得到了你喜欢的命题（例如存在无限多个孪生素数对）的一个证明。对于那些具有证明的命题，你将利用（像第五条公理那样的）形式语言，而且你将有一个算法来系统而机械地产生这个命题清单。（一个算法让你通过许多步骤，精确地告诉你每一步要做的是什么，借助于适当的编程计算机可以运行一个算法。）注意到，在你的算法产生的命题清单中，有可能出现重复的命题，也有可能很晚才出现一些简短的命题。

因此，存在一个算法可以产生一个可以从你的公理证明的命题的清单。然而，此处有一个值得注意（但并不显然）的事实：产生所有不能从公理证明的命题清单的算法是不存在的[7]！用数理逻辑的专业术语来说，你可以说，可证明的命题的集合是递归可枚举的，而没有证明的命题的集合不是递归可枚举的。注意到，既然具有可证明的命题之否命题的集合同样也是递归可枚举的，那么必然就不能与无法证明的命题的集合一致。这就是哥德尔的不完全性定理：如果一个理论是相容的（即不能证明一个命题及其否命题同时为真），那么存在既不能被证明也不能被否证的命题[8]。

从我们方才的讨论可见，在算法与哥德尔不完全性定理之间存在

---

[7] 这一点在这样的假定下已经被证明：你出发的那组公理对发展自然数的理论是足够丰富的。

[8] 同时，哥德尔还证明了下述结果。从对发展自然数的理论是足够丰富的一组公理出发，利用从这些公理发展出的理论做形式论证，无法证明该公理体系的相容性。对一些数学理论存在相容性的证明，但需要用到更强的理论。［关于这两个不完全性定理的介绍，可见高尔斯（Timothy Gowers）主编的 *The Princeton Companion to Mathematics*（有中译本，《普林斯顿数学指南》，齐民友译，科学出版社，2014 年）第 700 页。——译者注］

一个联系：有一些命题（或自然数）可以从一个算法产生，而另一些则不能。这与下述事实有关：存在无限多个命题（或自然数）。当处理无限集时，对于什么任务可以被有效地执行存在着限度。

可以被有效地执行的任务是什么呢？哥德尔、丘奇⑨、图灵已经给出了不同的回答，幸运的是，结果表明这些回答彼此等价。简而言之，如果一个任务可以由一台计算机执行，那么该任务就是可以被有效地执行的。这台计算机是一个具有无限量记忆和无限量可支配时间的有限自动机（图灵表明它可以非常简单）。

在离开哥德尔之前，让我提一下他的工作中一个与数学的实践相关的结果：叙述简短的命题可以有非常长的证明。这是什么意思？具体说来，随着长度 L 的变化，对给定的 L，一个叙述长度为 L 的可证明的命题的最短证明的长度的最大值作为长度 L 的函数并不是有效可计算的⑩。因为你所知的函数（多项式函数、指数函数、指数函数的复合等）都是有效可计算的，这意味着证明的长度随着命题的长度之增长速度比你徒手写出的任何函数的增长速度都要快。

重申一遍：一些简单的命题的证明可能非常长，因此也很难发现，在发现证明之前，你甚至不知道是否存在一个证明。因此，数学家对这样的证明评价很高。（例如，第 6 章提到的怀尔斯发现的费马

66

---

⑨　丘奇（Alonzo Church, 1903—1995），美国逻辑学家。他在 1936 年提出了有效可计算函数的精确定义。这个提议以丘奇论题著称，它的一个版本（丘奇-图灵论题）是，一个有效可计算函数是一个可以用图灵机计算的函数，而图灵机是图灵所描述的一个具有无限量记忆的简单计算机（有限自动机）。你可以要求机器对每一次输入在有限时间内给出一个答案（这对应于计算一个一般递归函数），或者允许机器并不总是给出答案（这对应于计算一个部分递归函数）。许多数学家希望能允许使用比有效可计算函数更广泛的函数。

⑩　确切地说：长度为 L 的命题的证明的最大长度不是 L 的一般递归函数。这个命题与命题长度或证明长度的精确定义关联不大。细节可见 Yu. I. Manin, *A Course in Mathematical Logic*, trans. Neal Koblitz, Grad. Texts in Math. **53**, Springer, New York, 1977, Section Ⅶ. 8.

大定理的证明。）

对此你也许会好奇，数学家引入那些不能由算法构造的几何与无法有效计算的函数，是在玩什么把戏？这真的必要吗？这取决于你想做什么。几千年以前，对我们的祖先来说，数牲口、奴隶或谷物之多少是重要的。而货物交换引出了在当时解决起来并不那么容易的初等算术问题。那时没有出现无法计算的函数。然而，我们的祖先并没有止步于数羊和以之兑油换酒：他们开始思考一般的数、所有可能的三角形和其他几何图形。当那在古代某个时刻发生时，数学诞生了。为了讨论数或三角形的一般性质，无法用蛮力逐一考察它们：其数目太多了。通过讨论数或几何图形的无限集的所有元素，人类跨进了（正如柏拉图可能见到过的）上帝的神域。在上帝的神域中，许多精妙的数学事实都被发现了：整数的隐秘性质、几何学的意外定理等。但并非所有的秘密都被揭示出来了：仍然留有一些可能在将来被解决的问题。它们也许永远都无法解决，而且由于哥德尔的不完全性定理，我们将永远无法知道是不是如此。数学家想谈论无限集合中的所有元素的性质，但在一个无限集合中，事物可以隐藏得很深。而柏拉图也许会很高兴地看到这一点：虽然上帝允许我们进入到它的神域，但它也找到了一个方法封住它的某些秘密。

67

13

基　础

古代数学处理自然的对象，即几何图形和数字。处理的方法也是自然的，即从一些被接受的公理和定义进行推导。直到今天，这种公理化方法的原则也没太多变化，但所研究的对象更加丰富，专业术语和技巧也更加多样了。

数学的现代描述比较看重结构：简单的如群①结构，复杂的如以

---

① 我们将用典型的数学术语——既不是逻辑学家的形式化语言，也不是科普作家含糊不清的话语——来描述群。

G 是一个非空集合，$a, b \in G, a, b$ 的乘积记作 c，表示为 $c = ab$。称带有这种乘积结构的 G 为一个群（或者说这个乘积定义了 G 的一个群结构），如果以下性质成立：

(1) 结合律：$a(bc) = (ab)c$。

(2) 存在单位元：存在 $e \in G$ 使得对任何的 $a \in G$ 有 $ea = ae = a$。

(3) 存在逆元：对任何的 $a \in G$，存在 $b \in G$ 使得 $ab = ba = e$。

注意到单位元 e 是唯一的。如果对任意的 $a, b \in G$ 有 $ab = ba$，则称这个群为可交换的。设 G, G' 是群，单位元分别是 e, e'，从 G 到 G' 的映射 f 如果满足 $f(ab) = f(a)f(b)$，那么称 f 是 G 到 G' 的同态，并且所有使得 $f(x) = e'$ 的 x 形成的集合 H 称为 G 的正规子群（注意，对于数学专业的读者来说，此处给出的正规子群的定义并非标准定义）。如果 $\{e\}$ 和 G 是 G 仅有的正规子群，则称 G 是单群。

之所以进入这些专业性细节，是因为群结构是重要的。特别地，如果你在所研究的问题中找到一个群结构是有帮助的。而且，你应该自发地问这个群是否为可交换的，并寻找其正规子群。作为例子，第 3 章中的各种几何变换（欧几里得变换、仿射变换或射影变换）构成了群（分别称为欧几里得变换群、仿射变换群或射影变换群）。群之所以成为自然的对象，是因为它们经常在数学实践中以一种有用的方式出现，而不是因为群结构的定义相对简单。

前提到的代数簇结构。简单的结构将在集合论、代数学、拓扑学等标题下研究，而更复杂的结构则在代数几何学或光滑动力学等标题下研究。（群是代数学的一部分，而代数簇是代数几何学的一部分。）这种数学上的分类，当然是方便的，但有点烦琐，而且其自然性有待评定。事实上，有趣的数学，它的发展路线可以遵循，也可以不遵循布尔巴基学派的结构观点。

现代数学的话题具有多样性，但也有统一性的趋势。一个统一的因素是：一些看上去毫无关联的问题之间存在着意想不到的联系。例如，单复变函数论[②]是算术（研究整数的学问）领域的基本工具，而算术是与单复变函数完全不同的领域。事实上，当今数学最著名的公开问题是黎曼假设。它是关于某个特殊的复变函数性质的一个猜测，这些性质对了解素数有重要作用[③]。

数学的另一个统一的因素是，其全部内容都可以基于集合论的公理化处理（正如第 12 章所示）。基本的公理（比如说 ZFC）都有直观 68 的意义，以使现代数学家能接受它们，正如欧几里得的公理被希腊人接受一样。

[②] 我们已经在第 3 章严格地引入了复数，并将它们看作（复）平面内的点。现在我们用 C 表示复平面。回顾 C 是一个域（从第 6 章我们知道复数可以加、减、乘、除）。f 是定义在 C 的子集 D 上的复值解析（或全纯）函数，如果对任何 $z_0 \in D$，对使得 $|z - z_0|$ 充分小的一切 z，$f(z)$ 可以表示成如下形式：

$$f(z) = \sum_{n=0}^{\infty} a_n (z - z_0)^n,$$

这里 a_n 是复数。解析函数具有非平凡的性质。特别地，如果 f 在 D 内解析，那么通常存在更大的集合 $\widetilde{D}$，使得 f 可以（唯一地）延拓为 $\widetilde{D}$ 上的解析函数（这种延拓称为解析延拓）。

[③] 黎曼注意到了素数分布与现在称之为黎曼西塔函数的函数有关系。追随黎曼的想法，阿达马和瓦莱·普桑（Charles de la Vallée Poussin, 1866—1962）证明了素数定理。这个定理是说，不超过 n 的素数的个数 $\pi(n)$ 趋于无穷的速度和 $n/\ln n$ 相当，这里 $\ln n$ 是 n 的自然对数。黎曼假设是关于黎曼西塔函数的性质猜测，它将使得素数定理更加精细。瓦莱·普桑，比利时数学家。

虽然古代数学是自然出现的，但是不能认为现代数学也是如此。古代数学家在追寻真理，而我们更像是寻找公理的结论。一旦改变公理，结论也就随之改变。古代数学家研究直线、圆周和整数，而我们引入了过多的深奥结构。如果一个人翻翻现代数学的学术期刊，他或许会问：为什么要选择这个问题？为什么做这些假设？关键点又在哪里？

我们想理解的是，当今数学何以是自然的？这个问题有两个方面，首先是数学基础的任意性（为什么选择 ZFC），其次是研究问题的任意性（为什么研究费马大定理）。

在本章我们开始研究数学基础的问题，并且接受这样的观点，即所有的数学都是以集合论为基础的④。这是在当今数学实践中被广为接受的观点，虽然以后的数学家有可能采用非常不同的观点。那么，为什么要选择 ZFC 公理呢？

讨论一下选择公理（即 ZFC 中的 C）是有好处的。选择公理的内容对当前的讨论不重要，因此我们将它留在注释⑤中。选择公理的一个奇怪的结论，即所谓的巴拿赫-塔斯基悖论，放在另外一个

---

④ 除了集合论的公理系统外，还存在其他重要的公理系统，其中引人注目的是皮亚诺算术（Peano Arithmetic，缩写为 PA）公理，它是整数的公理化理论。PA 比 ZFC 弱很多，因此虽然对逻辑学家而言，PA 是有意思的，但是"正常"的数学家用得比较少。

皮亚诺（Giuseppe Peano，1858—1932），意大利数学家，他是数学逻辑和集合理论的先驱，毕生致力于建立数学基础和发展形式逻辑语言，是符号逻辑的奠基人，提出了著名的自然数公理化系统，即皮亚诺公理。

⑤ 选择公理（C）指的是：

如果集合 X 包含一族子集 A_λ，指标 $\lambda \in \Lambda$，并且每一个 A_λ 都不是空集 $\varnothing$，那么对任何的 $\lambda \in \Lambda$，我们可以从 A_λ 选择一个元素 x_λ[换言之，存在一个映射 $f: \Lambda \to X$ 满足对每一个 $\lambda \in \Lambda$，有 $f(\lambda) \in A_\lambda$]。

一旦明白了它的含义，你可能觉得选择公理（C）在直观上是可以接受的，但要注意到，这里对 $x_\lambda = f(\lambda)$ 没有给出任何具体的构造。

注释⑥中。我们将策梅洛-弗伦克尔公理简称为 ZF 公理，它不包括选择公理。哥德尔证明，如果 ZF 是相容的（公理不会推导出矛盾），那么 ZFC 也是相容的⑦。因此在使用选择公理时，相容性不成问题，但有其他需要考虑的因素。一些数学家坦承不喜欢选择公理，而另一些数学家在某个理论中使用选择公理时会格外留神。但现在，大部分数学家认为使用这个公理可以获得更多、更有意义的数学⑧。这使得 ZFC 成为数学的标准基础。

69

这是否意味着数学的公理基础以后不会改变？我个人认为是会改变的，只不过其发生会比较慢。

在过去的几百年里，数学家所应对的问题，一部分已经获得满意的解决，例如费马大定理的证明或有限单群的分类⑨。这些成功所付

---

⑥ 巴拿赫（Stefan Banach, 1892—1945），波兰数学家；塔斯基（Alfred Tarski, 1902—1983），波兰出生的数学家。巴拿赫-塔斯基"悖论"陈述的是如下事实（它可以用选择公理证明）：

　　　三维空间中的实心球体，切割成有限块，经过移动（三维空间的旋转和平移）可以重新组合成两个实心球体，每个球体和原来的那个大小一样。

　　上面提到的切割的块数可以取为 5。这看起来很荒谬，因为开始时这些块的体积之和是一个球，最后时却变成了两个球。但其实这里并不存在真的悖论，理由是，我们并不能谈论那些小块的体积：这些小块是不可测的。当用选择公理来构造集合时，这些集合通常是不可测的。不可测性有点让人讨厌，但是目前数学家们一致表示，他们喜欢使用选择公理，虽然为此他们不得不谨慎地对待所考虑集合的可测性。

　　⑦ 选择公理（C）与 ZF 不仅是相容的，而且是独立的，这是科恩（Paul Cohen, 1934—2007）证明的。他指出，如果 ZF 是相容的，那么存在另外的包含 ZF 的相容公理系统，选择公理在其中不成立。美国数学家科恩以其在集合论的公理基础上的工作著称，他使用的技术称为力迫法。

　　⑧ 一个恰当的例子是巴拿赫空间理论，其中的一个重要结果——哈恩-巴拿赫定理（Hahn-Banach theorem）——的证明使用了选择公理［其实使用了选择公理的另一种等价形式，即所谓的佐恩引理（Zorn's lemma）］。哈恩-巴拿赫定理使得巴拿赫空间理论更好更广泛。因为巴拿赫空间理论应用很广，所以在这里反对使用选择公理是不受欢迎的。

　　汉恩（Hans Hahn, 1879—1934），奥地利数学家，他与巴拿赫各自独立地得到了泛函分析中基本的哈恩-巴拿赫一致有界原理。本书中反复提到的哥德尔就是他的博士生。

　　⑨ 有限单群是包含有限个元素的单群（见注释①）。这些代数对象已经被分类，也就是说，被完全列出来了：列表是无限的，但却非常具体。尽管专家们认为分类工作已经完成，但是支持分类的证明却一直在持续且非常长，足有几千页艰深的数学技术。［例如，见 R. Solomon, "On finite simple groups and their classifica-tions", *Notices Amer. Math. Soc.* **42** (1995), 231 - 239；M. Aschbacher, "The status of the (转下页)

出的代价是，证明变得非常长。（考虑到上一章中哥德尔关于证明长度的结果，这一点并不让人意外。）一些问题被证明是逻辑上不可判定的：关于丢番图方程的希尔伯特第十问题就属于这种情形⑩。最后，有一些问题仍然是完全未解决的，比如黎曼假设。

（接上页）classification of the finite simple groups", *Notices Amer. Math. Soc.* **51**（2004），736 - 740（有中译文，《有限单群分类的现状》，马玉杰译，《数学译林》2004 年第 23 卷第 4 期，292—296）。——译者注]

⑩　在某些情形，特别是第 6 章，我们已经遇到了多项式。考虑多个变量 $z_1, \cdots, z_\nu$，这些变量的一个单项式是如下的乘积：

$$cz_1^{n_1} \cdots z_\nu^{n_\nu},$$

这里 c 称为系数，$n_1, n_2, \cdots, n_\nu$ 是自然数，即属于 $\mathbf{N} = \{0, 1, 2, 3, \cdots\}$。因此一个单项式是通过将变量 $z_1, \cdots, z_\nu$ 升幂到 $n_1, \cdots, n_\nu$，相乘之后再与系数相乘。一个多项式 $p(z_1, z_2, \cdots, z_\nu)$ 是一些如上所示的单项式的有限和。例如，

$$p(x, y) = a + bx + cy$$

是两个变量 x，y 的一个多项式（a，b，c 是系数），而

$$p(x, y, z) = x^n + y^n - z^n$$

是 3 个变量 x，y，z 的一个多项式。在经典的代数几何中，系数是复数，因此变量也是复的。

现在考虑 $\mu + \nu$ 个变量 $x_1, \cdots, x_\mu, y_1, \cdots, y_\nu$ 的整系数多项式 $P(x_1, \cdots, x_\mu, y_1, \cdots, y_\nu)$。联系于 P，我们考虑一个集合 S_P。S_P 的元素的形式为 $\langle a_1, \cdots, a_\mu \rangle$，其中 $a_1, \cdots, a_\mu$ 是自然数（换言之，集合 S_P 的元素可以表示成序列 $\langle a_1, \cdots, a_\mu \rangle \in \mathbf{N}^\mu$），使得存在自然数 $b_1, \cdots, b_\nu$ 满足

$$P(a_1, \cdots, a_\mu, b_1, \cdots, b_\nu) = 0.$$

对任意给定的整系数多项式 $P(x_1, \cdots, x_\mu, y_1, \cdots, y_\nu)$，可以按如上方式定义集合 S_P。如果对 $\mathbf{N}^\mu$ 的子集 S，存在一个整系数多项式 $P(x_1, \cdots, x_\mu, y_1, \cdots, y_\nu)$ 使得 $S = S_P$，则称 S 为一个丢番图集合。我们有下述结果：

定理：$\mathbf{N}^\mu$ 的子集 S 是一个丢番图集合当且仅当它是递归可枚举的。

这个结果是在许多数理逻辑学家的共同努力下取得的，最后的证明由马季亚谢维奇（Yuri Matijasevič）在 1970 年完成。从第 12 章我们知道，如果存在一个算法可以系统地列出集合 S 的所有元素，则称其为递归可枚举的。在无法列出所有不在 S 中的元素时，我们对 S 也几乎没控制，我们甚至不知道 S 是否为空集。因此，以上定理给出了希尔伯特第十问题的否定回答。希尔伯特第十问题要求找到一个算法，对任何的整系数多项式 $P(x_1, \cdots, x_\mu)$，判定是否存在整数 $a_1, \cdots, a_\mu$ 使得 $P(a_1, \cdots, a_\mu) = 0$。事实上，不存在这样的算法。尽管如此，希尔伯特第十问题的不可解性也有正面的结果，比如，根据以上定理，素数集合（作为 $\mathbf{N}$ 的子集）是一个丢番图集合（因为全体素数是递归可枚举的）。

见 M. Davis, "Hilbert's tenth problem is unsolvable", *Amer. Math. Monthly*, **80**（1973），233 - 269；M. Davis, Yu. Matijasevič, and J. Robinson, "Hilbert's tenth problem: Diophantine equations: Positive aspects of a negative solution" in *Mathematical Developments Arising from Hilbert Problems*（*Northern Illinois Univ.*, *De Kalb*, *Ill.*, *1994*），Proc. Sympos. in Pure Math. **28**（1974），323—378.

希腊数学家丢番图（Diophantus of Alexandria）生活在公元 3 世纪，他留下了一本以《算术》著称的（代数和数论）问题集。

黎曼假设是一种专业性的猜测。由于种种原因，它吸引了数学家的注意和热情。这个猜测是关于黎曼西塔函数的。黎曼西塔函数比较容易给出精确的公式。我们在注释⑪中给出黎曼假设的精确表述。但这些不能说明为什么黎曼假设是有意思的。黎曼本人给出了人们想知道黎曼假设是否真实的第一个理由：对那些精细的素数结果而言，黎曼假设是必需的。这些结果往往可望不可及，甚至只能相信是正确的。我们对黎曼假设感兴趣的第二个理由是：它看起来非常难以证明。最后一个也是最重要的原因是：黎曼假设与深刻的结构问题紧密相关。特别地，韦伊猜想（之前提到过，它已经被格罗滕迪克和德利涅证明了）包含了一个与黎曼假设相似的想法，尽管是在一种显然不同的背景下出现。虽然本章无法进行技术上的讨论，但我们仍然要看看涉及黎曼假设的一些逻辑问题。这可以让大家领略一下逻辑学家的思维方式。

说得专业点，黎曼假设说的是，黎曼西塔函数在复平面的某些"禁区"没有零点。特别地，如果黎曼假设是错的，那么人们可以通过在"禁区"内找到一个零点来否定它。（数值计算可以做到这点。）现在假定黎曼假设是不可判定的。因为其不可判定性，人们不能够在"禁区"内找到一个零点。（事实上，如果可以，则说明黎曼假设错误，从而可判定。）但是，如果人们不能找到零点，那么意味

---

⑪ 设 D 表示复平面内 $z = x + iy$，$x > 1$ 形成的区域，则 D 上的黎曼西塔函数定义为

$$\zeta(z) = \sum_{n=1}^{\infty} \frac{1}{n^z}.$$

可以证明 $\zeta(z)$ 在区域 D 内是解析函数。它可以唯一地解析延拓［仍然记为 $\zeta(z)$］到除去 $z = 1$ 的复平面 C。考察 C 的子区域 $R := \{z: z = x + iy, 1/2 < x < 1\}$。黎曼假设说的是，$\zeta(z)$ 在"禁区"R 内没有零点［若 $z \in R$，则 $\zeta(z) \neq 0$］。众所周知，$\zeta(z)$ 在点 $z = -2, -4, -6, \cdots$ 处为零，且在直线 $z = 1/2 + iy$ 上有无穷多个零点。通常的黎曼假设是说，除去这些零点外，黎曼西塔函数没有其他零点了。

着黎曼西塔函数在禁区内没有零点，也就是说黎曼假设是对的！更准确地说，如果在 ZFC 中黎曼假设是不可判定的而且 ZFC 是相容性的（不导致矛盾），那么黎曼假设就是对的。

我们刚才说黎曼假设是可以通过数值计算进行测试的。事实上，这方面的工作已经很多，相当大的数值证据都是支持黎曼假设的。然而，尽管数值计算可以否定黎曼假设，这种证据却不足以证明黎曼假设。人们可以把刚讨论过的数值计算看作是否定黎曼假设的努力，只是目前还没有成功。对于证明黎曼假设，人们也付出了很多努力，同样没有成功。看起来，比较稳妥的说法是，近期不会有一个超级天才给出黎曼假设的简短证明或否证。如果存在证明或否证，很可能是冗长而艰深的。一个明智的观点是：黎曼假设可能有一个证明，但是它会非常长，以至于在我们生活的时空内无法实现这个证明。（它可能需要太多的纸张，或者需要计算机运行太久的时间。）

让我们回到黎曼假设不可判定的可能性，也就是说，证明和否证都不存在。显然这种可能性预示着终结：我们不能再做什么了。但事实上还可以做点事：人们可以尝试证明黎曼假设是不可判定的。这并非不可想象的。逻辑学家舍拉赫（S. Shelah）已经慎重地提出了一个梦想：证明黎曼假设在 PA 中不可证明，但在某些更高级的理论中可以证明[12]。这里大写字母 PA 代表皮亚诺算术，一种比 ZFC 更弱的公理系统（见注释④）。舍拉赫的想法是，利用数理逻辑的技巧证明黎曼假设在 PA 中的不可判定性，之后根据 PA 的相容性说明黎曼假设是对的。

数理逻辑学家从外部审视公理系统，因此能看到在诸如 ZFC 或

---

[12] 见 S. Shelah, "Logical dreams", *Bull. Amer. Math. Soc.*（N. S.）**40**（2003），203—228.

PA 公理系统内部做研究的数学家所看不到的地方。尽管如此，一个普遍的事实是，当前大部分数学家对数理哲学缺乏热情。他们尊敬哥德尔和他的不完备性定理，对希尔伯特第十问题的不可解证明也充满敬意，但他们更喜欢研究那种实实在在的数学，对此他们已经发展起一套改良了的技术，培养起直觉与品味。 71

然而，情况也在变化。今天我们可能说数学是研究 ZFC 公理的结论。但是人们完全可以怀疑，一个世纪之后是否仍然如此。不论我们是否喜欢，数理逻辑（数理哲学）在以后的数学中将扮演重要的角色。 72

14

结构与概念的创造

在第 3 章，我们已经看到，数学结构的思想呈现在克莱因的埃朗根纲领中。以一种不同于埃朗根纲领中的形式，数学结构主导了布尔巴基学派的《数学原理》丛书。可能有人说，数学结构遍布于现代数学，只不过有时明显，有时隐晦。从集合论公理到各种结构（如群结构、拓扑结构①等）的定义，这种飞跃看起来是人为的，但我们想弄明白这些选择是否是必然和自然的。

———————

① 倘若你从来没有学习过拓扑，那我很难提供一个很好的理解拓扑的想法。但是，我们给出基本的定义，它们是惊人的简单。（我们将使用以下概念：子集、映射、交集和并集，这些概念可以在第 8 章注释①找到。集族、子集族可以理解为以集合为元素的集合和某个集合的子集形成的集合。）

集合 X 上的拓扑是 X 的一族称为开集的子集，它们满足下面的公理：

(1) X 和空集 $\varnothing$ 是开集。

(2) 两个开集的交集是开集。

(3) 任意多个开集的并集是开集。

假设我们在 X 和 Y 上都有拓扑，f 是从 X 到 Y 的映射。对于 Y 的子集 V，我们用 $f^{-1}(V)$ 表示所有满足 $f(x) \in V$ 的 x 形成的集合。这样，映射 f 是连续的当且仅当 V 是 Y 中的开集时，$f^{-1}(V)$ 是 X 中的开集。

读完这段关于拓扑的精炼的描述，你可能会说："我也是一个数学家。"然后开始写下自己的公理、定义和定理。但是不能保证，对数学家而言，你写下的跟我刚刚描述的拓扑概念同等重要。

在讨论结构的起源之前，我们先澄清有关公理的术语。在引入群的概念时，我们会强加一些必须满足的性质②：这些性质就是公理。定义群的公理与集合论中的 ZFC 公理略有差别。基本上，只要研究数学，我们就得接受 ZFC 公理：现代数学论文总是系统使用 ZFC 的熟知结果（但通常不提及 ZFC）。相比而言，群的公理只在某些合适的场合使用。假设为了解决某个问题，我们已经引入了集合 G 中元素 a, b 之间的乘积。如果这个乘积满足群的性质（例如结合律、存在单位元和逆元），那么我们称带有这种乘积结构的 G 是一个群。当某个公理[比如结合律 $a \cdot (b \cdot c) = (a \cdot b) \cdot c$]不满足时，$G$ 就不是群。

欧几里得公理对于古希腊人的作用，就好比 ZFC 公理对于我们的作用。但现在欧几里得几何是用一种不同的方法处理的。从 ZFC 开始，人们可以定义实数，然后是欧几里得平面（或者是三维欧几里得空间），继而验证点、线等满足欧几里得引入的公理或者是希尔伯特③重构的公理。从这种方法来看，欧几里得几何是一个导出概念。 73

现在我们回到结构的概念。为了讨论它们在数学中的重要意义，我们要牢记数学的二重性。一方面，数学是一种逻辑构造，可以等同于用永不停息的图灵机所列出 ZFC 公理的全部结论。这是数学机械化、完全非人性的方面。另一方面，数学是人类的一种实践活动。设想你是个登山者。攀登是人的活动，而脚下的岩石则是完全非人的。帮助你向上攀登的壁架并非为你而设：它是由几百万年前海底的沉淀物经过挤压、侵蚀而成的。除了壁架，你现在所站立的地方和对人类很有意义的登山杖——这些都是你生活的依靠。

因此，数学结构也有两重起源：一是人本身，一是纯逻辑。来自

---

② 见第 13 章注释①。
③ 见第 2 章注释④。

人本身的数学要求表述简洁（因为我们记忆力很差）。但数学逻辑表明，表述简短的定理可能需要很长的证明。哥德尔④展示了这一点。显然，你并不想每次都重复如此长的证明，而乐意使用已经获得的较短的定理。给频繁出现的数学对象以简练的命名，这是获得简洁表述的重要方法。这些简练的名字描述了新的概念。作为数学内在逻辑和人的活动的共同产物，我们将看到，概念是如何在数学实践中被创造的。

例子呢？所有成功的数学都是例子！在欧几里得几何中，值得命名的是直角和反复使用的毕达哥拉斯定理（它使用了直角的概念）。一个更现代的例子是解析函数⑤的概念。一个频繁使用的定理是闭区域上的解析函数总是在边界上达到其最大模。职业数学家或许不喜欢我刚刚给出的陈述⑥，因为它是一种粗略的说法，常用于口头交流而非专业写作中。事实上，作为众所周知的长定理的简短表达，粗略的陈述也是有用的。数学实践使用很多简短表达，比如紧集的连续像是紧的⑦。有时候，数学家会隐含地引用一个定理。比如他们写："由紧性，显然有……"

以上讨论的目的是给出一些想法，让读者明白为什么数学实践中不可避免地会出现长证明，为什么数学实践要专注简短的表述，以及

---

④　见第 12 章，尤其是注释⑧。

⑤　见第 13 章注释②。

⑥　这里说的是解析函数的最大模原理。其准确陈述是：设 $f(z)$ 在区域 $D=\{z: |z-z_0|<R\}$（以 z_0 为中心，R 为半径的圆盘）是解析的，如果存在 $a\in D$ 使得 $f(a)\neq f(z_0)$，那么存在 $b\in D$ 使得 $|f(b)|>|f(z_0)|$，也就是说，如果 $f(z)$ 在该区域解析，那么函数 $f(z)$ 的模的最大值不能在圆盘的中心达到。

⑦　紧集属于拓扑概念（参见注释①）。称 X 的一族子集 O_1（可能是无穷多个）形成了 X 的一个覆盖，如果 O_1 中所有集合的并是 X。带有拓扑的空间 X，如果对于任何开覆盖（X 中的开集形成的覆盖）都存在有限的子覆盖，则称 X 是紧的。设 X 和 Y 都是拓扑空间，并且 f 是从 X 到 Y 的连续映射且满足 $f(X)=Y$ [即对于每一点 $y\in Y$，存在某个 $x\in X$ 使得 $f(x)=y$]。因此，如果 X 是紧的，那么 Y 也是紧的。

如何使用恰当的定义使得表达简洁。我们最终得到了一个关于数学的理论：即数学是一种人类构造，它不可避免地要通过定义引入一些概念。这些概念随时间而变化，这是因为数学理论自有其生命。除了已经被证明的定理和新命名的概念，就连古老的概念也在被重新审视和定义。对于熟悉拓扑学的读者来说，我可以提及一个非常有用和自然的概念：紧集⑧。紧集在历史上是以不同的定义出现的，现代版本的概念最终胜出了，成为"恰当"的那一个。

对我而言，我很满意弄清楚概念创造乃是逻辑上的必然和人脑的特性的结果。与那些只想大致了解概念创造的人相比，我们采用的方法要略胜一筹，因为他们忽略了数理逻辑的特性和人脑的特点（比如记忆力差）。

然而必须要承认，我们对数学的逻辑结构和人脑的工作机制的了解非常有限，因此只能对某些问题给出部分回答，而对其他问题则无能为力。

我们想要弄清楚的一件事情是：与那些我们熟悉的事物相比，数学已经被发展到了什么程度。在攀岩的类比中，问题为：是否存在几条不同的路径登顶？答案常常是存在。在数学中，一个学科的概念结构常常以不同的方式发展。因此熟悉测度论的读者知道：一些数学家喜欢抽象测度论，而其他数学家喜欢拉东测度⑨。而概率论专家（相对孤立于数学家的群体）则用他们的一套术语（边缘、鞅等）、概念和直觉研究测度。有时候，因为其他数学原因发展起来的新的数学分

⑧ 见注释6。
⑨ 给空间 M 的一些子集 X 赋予测度 $m(X)$ 之后，就可以开动抽象测度论的机器了。拉东测度是指在紧空间 M 上定义关于连续函数 A 的积分。抽象测度论更加广泛。拉东测度是一种特殊情形，因此定理更多，理论更丰富。［拉东（Johann Radon, 1887—1956），奥地利数学家，除在分析学方面的贡献外，他还以拉东变换的工作而著名。——译者注］

支却被证实具有非凡的内在趣味，或者揭示出一部分旧的数学。例如，计算机的出现导致了算法理论的发展，而且引进了诸如 NP 完备性[⑩]的概念，这些概念在其他地方几乎不可能碰到。我在第 22 章将讲述一个亲身经历的故事。在那里，吉布斯态最初是在研究被称为平衡统计力学的物理分支时引入的，但后来发现它竟然是研究所谓的阿诺索夫微分同胚的有力工具，尽管后者与统计力学毫无关系。这些例子说明，好的数学概念不仅仅是由于数学自身的需要出现的。当然，有时确实如此，但有时外来的概念被证明是强有力的，最终被认为是自然的。

让我们停下来思考下面的问题：非人类的数学将会有什么结构？在攀岩的类比中，很明显，爬向崖顶的蜥蜴和飞往崖顶的苍蝇遇到的问题与登山者碰到的问题截然不同。虽然很难想象非人类的数学家[⑪]，但我们已经从电脑的例子看出，它们或许比我们更擅长处理某些问题（因为它们记忆力更好，运转快，犯错误的可能性小）。你还可以想想看，生物学（即自然进化）会造出某种非人类的智能生物：它能解决许多困难的工程问题，此外它还能创造研究数学的大脑。但进化是一种试探纠错（trial and error）的过程，完全是非概念的方式[⑫]。

回到人类的数学，我们已经看到为什么它必然基于概念和结构。

---

⑩ 参见 M. R. Garey and D. S. Johnson, *Computers and Intractability*, Freeman, New York, 1979. （有中译本，《计算机和难解性》，张立昂、沈泓译，科学出版社，1987年。——译者注）

⑪ 这是我在文章 *Conversations on mathematics with a visitor from outer space* 中做的事情。该文收入 *Mathematics: Frontiers and Perspectives*, ed. V. Arnold, M. Atiyah, P. Lax, and B. Mazur, Amer. Math. Soc., Providence, RI, 2000, 251—259. （中译文见本书附录一。）

⑫ 这种说法应该更正。进化的缓慢、无目的的工作已经（在免疫系统、神经系统中）形成了一种机制，这种机制可以产生更快和更智能的反应。

然而，现代意义上的具体结构的引入（正如你在布尔巴基学派中看到的那样）是相对迟缓的。例如，抽象群结构在 18 世纪后期和 19 世纪才出现。一经被引入，这些概念就显示出巨大的作用，它们在现代数学的许多分支中是基本的。但是，在多大程度上，这些结构是必然的？作为辅助材料，它们显然是方便有效的，但它们究竟是人为的，还是原本就是数学的自然支柱，而最终在 19 和 20 世纪才被揭示出来？（在攀岩的类比中，想象一个金属梯子，它可以帮助你花费最小的代价攀登到崖顶。）

数学结构的自然性，在多大程度上有意义，这个问题可能没有一个简单清楚的答案。请看布尔巴基学派专著的副标题：分析的基本结构⑬。许多数学家认为，布尔巴基学派考虑的数学结构是自然和必然的。但一种更有力的观点也是可能的，正如格罗滕迪克所展示的那样：不需要正面解决一个问题，只需要将其包含、融入更一般的理论中⑭。尽管格罗滕迪克研究数学的方式是高度结构化的"超布尔巴基主义"，但他并没有忘记所要解决的问题。如果将布尔巴基学派的专著看作是结构的博物馆，那么格罗滕迪克的努力可以看作是理解新、旧数学领域的一般想法的富有想象力的发展。如前所述，格罗滕迪克的计划获得了极大的成功，解决了其他人提出的许多重大问题。

综上所述，我们可以说，一般结构对于研究数学的某些部分是非

---

⑬ 事实上这是专著的"第一部分"的标题，但是布尔巴基并没有再走多远。〔这一部分一共包括以下 6 本著作：《集合论》（*Theory of Sets*）、《代数学》（*Algebra*）、《拓扑学通论》（*General Topology*）、《实变函数》（*Real-Variable Functions*）、《拓扑向量空间》（*Topological Vector Spaces*）、《积分论》（*Integration*）。〕

⑭ 实际上，这是塞尔在 1986 年 2 月 8 日的一封信中引用格罗滕迪克的话。这封信是塞尔回复格罗滕迪克寄给他的《收获和播种》一书。在这封有趣的信中，塞尔承认了格罗滕迪克的方法的威力，但也认为它并不是在所有数学领域内都有用。读者可参考 *Correspondance Grothendieck-Serre*，ed. P. Colmez and J. -P. Serre，Documents Mathematiques，**2**，Société Mathématique de France，Paris，2001。

凡的工具。对现代数学家而言，它们是有用的、自然的和必然的，但究竟多大程度上是自然的和必然的，仍然不得而知。稍后我们将详细讨论我们——人类——如何创造新的数学。从这种有力的观点看，选择好的数学概念或结构起着重要作用。

77

$$15$$

图灵的苹果

理解和发现数学所带来的快乐，很难"为外人道也"，但这种快乐是绝非寻常的。我可以老生常谈 $\sqrt{2}$ 的故事吗？我们知道，边长为 1 的正方形的对角线的长度为 $d = \sqrt{2}$（根据勾股定理，$d^2 = 1^2 + 1^2 = 2$）。$\sqrt{2}$ 是不是有理数呢？换言之，是否可以将 $\sqrt{2}$ 写成两个整数 m，n 的商 m/n？答案为否。因为，如果 $\sqrt{2} = m/n$，那么两边平方就推出 $2n^2 = m^2$。我们知道，每个整数可以唯一写成一些素数的乘积，但素数 2 在等式左边的数 $2n^2$ 的素因子分解中出现奇数次，而在等式右边的数 m^2 的素因子分解中出现偶数次，这就导出矛盾。因此 $\sqrt{2}$ 不是有理数。

很明显，许多人并不会特别在意 $\sqrt{2}$ 是无理数（即不能写成形如 m/n 的数）这一事实：也许这个命题及其证明超出了他们的理解范围，也许他们根本就不在乎。但既然你已经读到了本书这一章，那么你应该既有一定的学识，同时也对这类问题有兴趣。你看到了，数学家并非仅仅限制于研究有理数，"$\sqrt{2}$ 是无理数"就是一个极其重要的发现。这个发现已经有 2 500 年的历史了，如同希腊雕塑一样美，但不像它们那么易碎。数学之美是永恒的。数学中的各种珍宝永久地向造访者敞开：不仅 $\sqrt{2}$ 是无理数，π 也是无理数①；有限单群可以完全列举出来；有些问题在 ZFC 公理的概念框架下无法回答等。关于最后这一点（哥德尔定理），我们也许可以说，一些哲学问题在数学逻辑中得到了最深刻的回答。

即便不是专业数学家，你也能够理解某些数学之美，恰如即便不会玩乐器、不会作曲，你也能够欣赏音乐。但是，从数学的创造性研究中可以得到智力回报，这与旁观者所享受到的快乐不同。（正如在许多其他艺术领域中一样）为了成为一个成功的数学研究者，你首先必须有天分，而且你还需要恰当的引导和训练，需要运气，还有勤奋的工作。数学与其他学科的一个不同之处在于，它有极大的自由，在这里不存在受限制的领域或秘密的学说。它很少要求出示你的文凭，而且你看起来是否聪明无关紧要。（有一些人通过各种方法使他们看起来富有智慧——皱眉、斜视、看自己的鼻子，或者望着天花板貌似在求教于全能的上帝；所有这些都不重要，忘掉就好。）了解同行的工作是重要的，但数学不是团队研究。（数学和理论物理之外的科学研究，本质上是由团队合作完成。）因此，在数学中，你有机会摆脱那种模棱两可的上下级关系，这种关系通常因为某个等级组织而产生。当然，有些数学家想成为主帅，有些数学家只想做小兵，而有些人只需要将你介于他们的精神世界之中。只要你能这么想并且足够幸

---

① π 不仅仅是无理数，事实上它还是超越数，也就是说，它不能满足方程
$$a_n\pi^n + a_{n-1}\pi^{n-1} + \cdots + a_1\pi + a_0 = 0,$$
其中 $a_0, a_1, \cdots, a_n$ 是整数。这一点由德国数学家林德曼（Ferdinand von Lindermann, 1852—1939）在 1882 年证明。

运，你就可以与他们保持距离。数学研究是一项高度个人化的事业。它需要你具备敏捷的大脑和足够的耐心，以走出一个路漫漫而曲折荒凉的迷宫，直到你发现之前从未理解的一些东西：新的观点、新的证明，或者是新的定理。

汤姆有一次跟我说，真正非平凡的逻辑思考只存在于数学（也许他还补充了理论物理学）中。也许在其他地方也需要用到微妙的逻辑思考，但绝非那种环环相扣的严密逻辑论证，一旦引出某个结论之后就绝不需要再怀疑。有了数学特别是数理逻辑，我们就可以把握人类思维遇到的最遥远的、最非人类的对象。数学的这种仿佛覆盖于冰原之下的遥远性带给某些人一种无法阻挡的魅力，究竟是带给哪种人呢？

数学家个体是多种多样的：有男有女，种族也各异，有天分极高的也有资质平常的，有令人愉快的也有不那么让人舒服的，有的幽默感十足也有看起来完全乏味的。他们研究数学的方式也各不相同（对于那些与数学有某种关联但声称他们无暇做研究的人，我这里排除在外）。然而，尽管数学家是如此各不相同，但从统计上看，在数学家中存在着一些重要的共同特征。事实上，虽然为了研究数学，某些能力是需要的，某些能力是可有可无的。粗略地看，数学家不同于其他行业的人，例如足球运动员。不过一个人可以同时是卓越的数学家和优秀的足球运动员，恰如哈拉尔德·玻尔②的例子所表明的。数学家也许不同于其他人的另一个原因在于，数学家专注紧张和非常抽象的活动也许最终对他们的健康和性格都有影响。

79

————————

② 丹麦数学家哈拉尔德·玻尔（Harald Bohr, 1887—1951）以他的殆周期函数理论而闻名。他还是物理学家尼尔斯·玻尔（Niels Bohr, 1885—1962）的弟弟，同时也代表丹麦参加了 1908 年的伦敦奥运会（当年的足球亚军）。

大脑是数学家最主要的专业工具，它需要保持在非常良好的状态。因此，数学家不能像艺术家那样沉溺于药物与酒精。当然，许多数学家通过喝咖啡喝茶来保持头脑清醒。烟草能够帮助维持精神集中，但它的副效应是灾难性的。在 1960 年代曾有一段时期，大麻在美国学术界包括数学界非常流行，但我从未听说吸食大麻有助于数学研究的传闻。有趣的是，某些数学家为了让他们慢下来而饮酒。事实上，某些思维敏捷的数学家在做复杂论证或计算时头脑倾向于加速运转，以至于无法控制，但此时其实应该放慢节奏以避免错误。因此，适量的酒可以对此有所帮助。我的一个同事曾跟我讲起这样一件事情，当他因为医疗需要服下一些含吗啡的药物之后，他有了极大的耐心来完成一项冗长而复杂的论证：仿佛世界上所有的时间都属于你一个人。通常大家认为，毒品不能使你的大脑更敏捷。因此，运动员和某些艺术家中存在着的吸毒问题，在数学家中不存在。当然，数学家有时也享用着酒与其他毒品（有时是合法有时是违法），偶尔还是滥用。然而，我认为关于毒品与数学，最值得一提的还是数学家决定戒烟时所经历的一段非常痛苦的时期，那时他们努力地戒烟因而不能很好地专注于其研究。

文明的国家原则上致力于使得人人在法律上平等，但自然天分和智力培育环境方面的分配却差别极大。有些人不擅长数学，而另一些人考虑数学问题时则像舞台上的舞蹈家那样轻松自如。对于做数学研究来说，一些天分（特别是良好的短时记忆）当然是有益的。有人也许还要提到专注的能力或者是对抽象思维的喜好，但当我们试图理解数学思维时，这些看起来有些模糊的心理学概念却无法引起我们的兴趣。

当之前阅读到我曾提及的在数学圈中有机会摆脱主帅与小兵的关

系，亦有可能不被卷入他人的精神世界时，你也许感受到自己一直正在处理诸如此类的琐碎问题，但这并没有什么大不了的。有如此感受的人大多都能很好地适应社会，能够很轻松地与人交流，你的"性取向"为你的圈子所认同，如此等等。许多数学家都很好地融入了社会，但有趣的是，仍有许多数学家并非如此。怎会如此呢？原因在于，如果你很聪明但是缺乏交际能力，那么你可能会专注于那些具有极少社交要求的活动。这些活动包括数学、计算机编程和其他形式的艺术创造。作为例子，我们会想到伟大的哥德尔，他过分关注于其健康，但社交才能极其有限。可以想象到，他的内心世界非常丰富，但他与外面的世界的关系主要通过他的妻子阿黛尔（Adele）实现。当阿黛尔因为疾病无法充当哥德尔与现实世界的中介时，他只好独自面对他的问题，特别是他总在臆想人们会往他的饮食中投毒。自发的绝食最终导致了他在新泽西普林斯顿的一家医院里辞世。

有一种称为自闭症的综合病症，患者的交流、社会关系和想象力都受到了损害。自闭症的本质尚未得到理解，但已经知道一个非常重要的因素来自遗传。据说③，"适度的自闭特征可以带来专一和决心，从而使得具有自闭特征的人能够脱颖而出，特别是当它与高智商相结合的时候"。事实上，牛顿、爱因斯坦④和狄拉克⑤就是患有阿斯伯格

---

③ I. James, "Autism in mathematicians", *Math. Intelligencer*, **25**（2003），62—65. [有中译文，《数学家中的孤独症》，崔晋超译，《数学译林》第 24 卷（2005 年）第 1 期，77—79。——译者注]

④ 爱因斯坦（Albert Einstein, 1879—1955），德裔美籍物理学家，他也许是 20 世纪最伟大的物理学家。——译者注

⑤ 狄拉克（Paul Adrie Maurice Dirac, 1902—1984），英国理论物理学家，量子力学的奠基者之一。关于他的一本有趣传记可见 Graham Farmelo, *The Strangest Man: The Hidden Life of Paul Dirac*, *Quantum Genius*, Faber & Faber, 2009, 2015 年刚译成中文由重庆大学出版社出版。另一本传记的中译本《狄拉克：科学和人生》，赫尔奇·克劳著，肖明等译，湖南科学技术出版社，2009 年。另有陈关荣为他写的优秀短文《狄拉克和他的δ函数》，《数学文化》第 6 卷（2015 年）第 1 期，74—81。——译者注

综合征——自闭症的一种形式——的例子。这是一个有趣的论断，但其正确性有待商榷，因为从未从医学上测试过牛顿、爱因斯坦和狄拉克是否患有此病症。无论如何，我认为在许多（但并非所有）数学家中存在着一些与众不同的东西：他们的思维与行为方式比普通人更为严密。我这一观点所基于的论据是轶事的而非科学的。说得更具体些，我的经验是，数学家在回答随便某个问题（例如某种西洋棋的游戏规则）时通常会描述得过于细致，而有时他们会对某些在大多数人看来毫无问题的断言感到有逻辑困难。例如，也许他们会要求你复述某个笑话并要求你解释一下为什么那是有趣的。我要再次声明——感谢上帝——并非所有的数学家都是那样的。但凡不会损害其智力的心理类型甚至是精神障碍〔比如，传记与同名电影《美丽心灵》的主人公原型纳什（J. Nash，1928—2015）就是一名精神病患者〕，都可以在数学家中发现。在一般的科学家中，偏执狂患者、狂躁症患者与强迫症患者并不罕见，但也有许多无聊到令人厌烦的人。

数学家与众不同的一点在于，在其职业中，他们必须以一种与大多数人不同的方式来应对工作。如果你要参加一个公开辩论或者是做一个紧急的手术，你也许需要很快做出决定：有些决定是好的而有些则是不好的，但是犹豫或不做决定是最坏的选择。相反地，当你思考一个数学证明时，如果你突然对想法是否可行没有了自信，你就需要立刻停下来给自己充裕的时间，将证明推敲得滴水不漏。如果有某种个性，你就可以做得像脱口秀节目主持人那样成功，但作为数学家你可能要很不幸地失败。或者你可以成为一个真正伟大的数学家，但在电视节目中的表现就一般般了。

我们刚才说到，具有某种类型的性格可能有助于一个人成为数学家。但从逻辑上说，我们必须承认，数学工作也许会影响一个人的性格。我认为这是真的，一个简单的理由是，高水平的数学研究是非常艰辛的工作。虽然没有科学证据表明一流的数学家都会有神经衰弱，但有个小故事足以表明数学工作的艰辛。在为希尔伯特所写的传记⑥中，作者里德（C. Ried）用短短几行描述了希尔伯特因为神经衰弱而待在疗养院休养几个月的事情。此前她还提到了克莱因更为严重的神经衰弱，并联系到库朗⑦的观点"我所认识的每个伟大的科学家几乎都曾经历过这番痛苦"。也许可以将做数学研究与攀登高峰做比较：它们都是壮举，也都有危险。做数学研究时大脑需要推进到极限，攀登高峰时身体需要推进到极限，都需要付出艰辛的代价。除了神经衰弱以外，数学家过度用脑的方式常常会导致心不在焉和缺乏生活的存在感（诗人有类似的名声）。也许过度用脑的另一个结果是秃头，这在知识分子（书呆子）中很常见。

82

因此，数学研究者在做非常艰辛的工作，在某种程度上，他们就像生活在另一个宇宙中的人，并试图回避与"现实生活"相关的许多问题。然而，这些未解决的问题也许会残忍地重新出现并要求引起关注。英国数学家图灵⑧的故事就是一个例子。

出生于 1912 年的图灵在 20 世纪 30 年代做出了最值得铭记的科学贡献，他提出了万能计算机的概念，现在以图灵机著称。他对具有无限记忆的有限机器人给出了一个精确的描述，它们可以做任何计

⑥ Constance Ried, *Hilbert*. Springer, Berlin, 1970.（有中译本，《希尔伯特》，袁向东、李文林译，上海科学技术出版社，2006 年。——译者注）

⑦ 库朗（Richard Courant, 1888—1972）是出生于德国的数学家，后来移民到美国。他曾是希尔伯特的学生，后来成为他的合作者。［他们合著有成为经典的《数学物理方法》，并且库朗还与罗宾斯（Herbert Robbins）合著了著名的通俗数学书《数学是什么》（*What is Mathematics?*），最新的版本是斯图尔特（Ian Stewart）参与修订的，中文版翻译为《什么是数学》。这两本书都有中译本。］——译者注

⑧ Andrew Hodges. *Alan Turing: The Enigma*. Simon & Schuster, New York, 1983.（有中译本，《艾伦·图灵传：如谜的解谜者》，孙天齐译，湖南科学技术出版社，2012 年。——译者注）

算，并且任何这样的一个计算机也可以运行。当时可编程的计算机尚未出现。这是一个新的思想，紧紧抓住了计算能力的概念，并且澄清了哥德尔的工作。一个具有重要历史意义的事件是，在第二次世界大战初期，图灵破解了德国潜水艇用的 Enigma 密码。这确保了盟军对大西洋的控制。他还致力于研究电子计算机的发展，并对计算机是否能"思考"的辩论做出了贡献（图灵测试⑨）。最后他还做出了一项重要贡献，就是用化学反应和扩散的观念来理解空间结构如何产生（形态发生）。从某种意义上说，图灵是许多在厨房水槽做危险的化学实验（他用到氰化钾⑩）并探索各种疯狂思想的"古怪"人物之一。但是图灵的思想奏效。他对科学的贡献非常突出，改变了我们对世界的理解，它们绝不会被失去意义或被遗忘。

图灵的穿着和与同事打交道的方式都是直率朴素的。奥尔弗⑪记得图灵曾在一个小组中（用台式计算机）做冗长的数值计算来检验一个算法。因为图灵犯了许多错误，以至于他不得不被解雇。对那些见过他的人，图灵也许看起来并不是非常引人注目。

然而，图灵是一个同性恋，在 1952 年的英国，这是违法的，他被举报了。在被宣判有"严重猥亵行为"后，他要求在坐牢与接受医疗之间做出选择。他选择了后者，需要注射一年的女性荷尔蒙。这种

83

⑨ "机器能够思考吗？"为测试这一点，图灵设想出某种询问机，它可以对一个人和一个锁定在另一个房间里的机器提问。人和机器可以打印出可能是谎言的答案（机器会假装是一个人）。询问机能够判断出哪一个是人哪一个是机器，这就是图灵测试：一个模仿的游戏，其中机器必须冒充成人。如果人和机器无法被识别，那么就很难说机器不能思考。有趣的是，在表述这个模仿游戏时，图灵用了一个男人和一个女人，而不是一个人和一台机器。

⑩ 比起今天来，在 1950 年代，在家里玩弄危险的化学物品也许更平常和少受阻难。在图灵用氰化钾做试验时，我是一个十几岁的少年，在地下室有一个小实验室，我可以用砒霜（三氧化二砷）、磷和其他有毒的易燃易爆有腐蚀性或带恶臭的物质做实验。

⑪ 奥尔弗（Frank Olver）现在是马里兰大学数学系的退休教授。我非常感谢他告诉我他在 1940 年代末期的英国国家物理实验室所认识到的图灵。

男同性恋的治愈方法（根据当时的医学观念）事实上是一种原则上可逆的化学阉割，不像当时美国某些地方所实施的强制性手术阉割[12]。

因为对同性恋的公认观念已经改变，当初施与图灵的激素治疗在今天看来是荒谬而野蛮的[13]。然而，应该明了的是，1950 年代的联合王国不同于纳粹德国这样的独裁国家。英国是一个高度文明的国家，男同性恋在社会上层文化中很普遍。不幸的是，数学家中常见的智力上的古板严正，在图灵身上体现得太多了，他又缺乏在社会上层名流中常见的虚伪。他对社会指向他的羞耻与荷尔蒙治疗都忍受着，甚至比你预想的还要好。但在 1954 年 6 月的一天，他被发现死在了床上，是氰化物中毒，他身边有一个被咬过几口的苹果。看来他是用有毒的苹果来自杀。我们也许想知道他怎么会做出这个决定的。但他没有留下解释。他没有回答你我的问题。苹果就是答案，是对他自己的问题的一个终极回答。

84

---

[12] 我所认识的数学家当中只有极少数是公开的同性恋，但我并非说在这个职业中同性恋很常见。而且，如果你一定要知道的话，那么我告诉你我不是同性恋，而且我也没有过神经衰弱。至于秃头，我必须要承认，我的发际线在渐渐后退。当然，如果要完全老实地说，我的发际线其实在不停地后退。

[13] 2014 年，英国女王伊丽莎白二世（Elizabeth Ⅱ）赦免了图灵的罪行。——译者注

16

数学创造：心理学与美学

许多数学家都对数学的发现心理学思考过。反思告诉我们什么呢？庞加莱①与阿达马②讨论了他们各自观察到的一个值得注意的现象，这个现象也为其他一些数学家所观察到。在对某个问题工作一段时间（准备阶段）之后，仍然不能成功，于是他们先暂时扔在一边。然后，一天、一周或一个月（酝酿阶段）后，突然在一觉醒来或在一次平常的交谈中，答案不经意地出现了。这个顿悟（如阿达马所称的）来得没有任何预兆，而且也许完全不同于此前工作的路径。顿悟是瞬间的领悟，但之后仍然需要严格的检验。最后的核实阶段（检验

---

① 庞加莱，"L'invention mathématique"（"Mathematical creation"），*Science et méthode*，Ernest Flammarion，Paris，1908，chapter 3；English trans. in *Science and Method*，Dover，New York，1952. （有中译本，《科学与方法》，商务印书馆，2010年。——译者注）

② 阿达马，*The Psychology of Invention in the Mathematical Field*，Princeton University Press，Princeton，NJ，1945；enlarged 1949 edition reprinted by Dover，New York，1954. 1996 年再版时更名为 *The Mathematician's Mind: The Psychology of Invention in the Mathematical Field*（中译本《数学领域中的发明心理学》，陈植荫、肖奚安译，大连理工大学出版社，2008 年。——译者注）。

解答并使之精确）也许表明顿悟是错误的，此时就要忘了它。但上苍提供的解通常表明是正确的。也许你更愿意说是潜意识而非上苍。然而，也许跟许多人一样，你对潜意识与上苍是同等的不喜欢。那么让我说话更谨慎些。

意识是一个内省（自我观察）的概念。你骑自行车或开汽车时会有意识地决定左拐或右拐。但当你学习骑车或开车时，需要你做的许多事情（如保持身体平衡或将脚放在刹车板上）就是自动的：无意识的心理过程在起作用。因此我们可以反思出有意识的心理过程，并推断出发生的一些无意识的过程。这些无意识的过程看起来毫不相干，而且将它们捆绑在一起作为潜意识也许是一种误导。此外，因为意识是内省的，所以很难定义。你怎么知道你的另一半、猫或电脑有没有意识呢？ 85

我不想在此陷入意识、潜意识、思维的本质、理解的本质、意义的本质、灵魂的不朽等一般问题中。当然这都是有趣的问题，但对它们的研究存在着不可避免的方法论上的困难。此处我的态度是，考虑一个方法上可行的特殊情形——数学工作的情形，看看我们能对这些问题说些什么。

假定数学家（甚至其他许多人），比如我本人，都有一个内省的意识观念。根据一些杰出的数学家的说法，就有一个有趣的断言：他们的数学工作很重要的一部分是潜意识完成的。我们已经看到，遵循庞加莱的观点，阿达马将数学工作分为四个阶段：有意识的准备阶段，潜意识的酝酿阶段，恢复到有意识的顿悟，有意识的核实阶段。酝酿阶段本质上被庞加莱和阿达马描述成一种组合：思想以不同的方式放在一起，直到找到正确的组合。而且他们认为，这个选择基于美学。阿达马认为，一般说来，一个数学论证包含多个部分，每一个部分都有准备、酝酿、顿悟、核实这样的结构。论证的一个部分的核实阶段产生一个可信结果的精确表述，继而可以作为下一部分的准备阶段的基础。根据众多论述，语言对数学思维并非必要。思考所用的概念可以是非文字的，可以是与模糊的视觉、声音或肌肉有关的元素。阿达马说，他本人就是以非文字的观念思考，而此后他需要很费力地将思想转化为文字。爱因斯坦在给阿达马的一封信中说，他本人的科学思维是一种非文字的组合性质。关于意识，他说道："对我来说，意识乃是一种永远不可抵达的极限情况，这似乎就是所谓的'意识狭窄性'③。"

这个论述将我们引到了哪里？对于像庞加莱、阿达马、爱因斯坦这样的大师所说的，我们还能有所补充吗？我想我们能，而且应该能。有两点原因。首先，这些大科学家从来没有为 Magister dixit（即以"前人已有定论"而结束对话）的哲学辩护过。其次，因为自阿达马写出了漂亮的小书后，智力景观发生了变化。从我此前关于短时记忆与长时记忆的论述中，我们了解到：酝酿阶段也许需要将准备阶段的长时记忆消化进来。这也就解释了，为什么在一个问题上工作了许久（阿达马所称的准备阶段）之后，暂时放在一边经常是有益的。

我们的智力景观的一个重要改变来自功能强大的电子计算机的发明。我们想要比较人脑与电脑的运行，并提出一个自然的问题：如何给电脑编程使之模仿人脑的工作？从这个角度我们看出，对电脑来说，冗长的数值计算是容易的，而且可以非常精确，但将一种语言翻译为另一种语言则仍然很困难。事实上，一门语言不只是由一种字典和一套语法规则构成的；它也含有许多隐含的规则、一个巨大的引申含义库，以产生灵活、明确、合理而地道的输出。也许重要的是，语

---

③ 爱因斯坦的信作为附录2重印在阿达马的书中，见注释②。

言的规则无法编程到电脑，而它对于数学研究（某种程度上）是不可或缺的。

一个数学家如果最终理解了一个问题，也许会说它终究是非常简单的。但这通常是一种错觉。事实上，当数学家开始写东西时，其复杂性就立即显露出来，而且也许最终读起来会令人敬畏。就像一句简单的英语一样，一个简单的数学论证通常只有在细节充分的背景下才有意义。

回到计算机，我想谈谈用编程来发现好的新数学这一想法。这就引出了一个显而易见的问题：我们如何给自己编程来做数学？说得专业一点，所谓的"做数学"是一个富有创造性的构造过程。"做数学"即构想某个数学对象的性质并尝试去证明它。例如，这个数学对象可以是一类动力系统，或者是关于这些系统的一个定理，或者是你正在写的关于这个课题的一篇论文。研读一篇论文是否是在"做数学"，取决于它是否对应着在你大脑中构造某种东西。因此，"做数学"是在构造某种数学对象，类似于科学或艺术领域中的其他创造性活动。虽然数学创造的心理过程与艺术创造的心理过程存在某种关联，但应该明确的是，数学对象与出现在文学、音乐和视觉艺术中的艺术对象极为不同。

艺术创造与数学创造存在某种关联，这一想法将我们带回到阿达马的论断，即好的数学思想的选择是基于美学。事实上，爱因斯坦对他在数学物理方面的工作做了一个类似的论断。那么我们是否必须相信，一个优秀的数学家在诸如文学、绘画、音乐等其他领域同样具有美学上的天赋呢？回答是否定的。许多科学家曾在自传上尽力发挥其写作才能，还有一些则尽力发挥其绘画或演奏乐器的才能，其结果虽然通常不是很糟糕，但很少有非常杰出的。在许多情况下，真正优秀的科学家，其艺术成就确实平平④。

因此，对数学的审美能力不同于艺术能力。我们能够对审美能力做些分析吗？这里我们是不是还没有涉足未知的领域？事实上我认为，对数学审美能力的分析要比对艺术能力的分析容易。但请容我首先指出智力景观在自庞加莱、阿达马和爱因斯坦之后发生的一个变化：我们进一步认识到，艺术取决于文化传统，而文化传统是多种多样的。

对巴赫或贝多芬的喜欢需要一种品味，正如对好酒或好的数学的品味一样。这并不是说你必须成为一个职业音乐家才能感受到巴赫和贝多芬的音乐之美。我们之所以有这种感觉，是因为我们已经置身于一定的音乐传统。听到不熟悉的音乐，我们也许喜欢，也许不喜欢，但我们无法说它究竟是快乐还是悲伤，是优美还是欠佳。当然，传统在改变，巴赫和贝多芬都改变了西方音乐传统的发展。

对音乐（或艺术）所说的这些，对数学（或科学）也是适用的：依据不同的时间和地点可以分出不同的数学文化，对应于不同的学派、观点和数学领域又细分出不同的子文化。因此你可以区分出法国传统与俄国传统，做数学的代数风格与几何风格。在某个固定的文化

88

---

④ 也有例外。庞加莱的哲学论著就是很好的文学作品。有趣的是，年轻的庞加莱曾起草过一部小说。从我们对这部小说的了解推断，他放弃这个计划并不是很大的损失。但是，庞加莱早期的文学爱好显然对他后来从事哲学论著（除了前文提到的《科学的方法》之外，还有《科学与假设》《科学的价值》《最后的沉思》，皆有中译本——译者注）的写作大有裨益。［也许可以补充的反例有：11 世纪的波斯数学家海亚姆（Omar Khayyám），他有诗作《鲁拜集》（郭沫若、胡适、闻一多、徐志摩、朱湘、黄克孙都曾翻译成中文，中译本多达二十几种）传世；17 世纪的法国数学家帕斯卡，有《思想录》《致外省人信札》传世；20 世纪的英国数学家哈代（G. H. Hardy），他的《一个数学家的辩白》写得非常成功（至少有 3 个中译本），也许正是这本书启发了以后的许多数学家，如维纳（Norbert Wiener）、韦伊、乌拉姆（Stanislaw M. Ulam）、戴森（Freeman Dyson）、哈尔莫斯（P. R. Halmos）写自传；当代中国一位极具影响力的数学家兼诗人是浙江大学的蔡天新教授，著有《数学传奇》（原名《难以企及的人物》）、《数字与玫瑰》、《数学与人类文明》等。在给译者信中他推崇帕斯卡，认为其在文学意义上胜过哈代。——译者注］

或子文化中，一些概念（如群结构）与事实（如隐函数定理⑤）是熟知的。然而，审美在哪里呢？好的品位与糟糕的品位在哪里？因为我无法给出相关的定义和细节，因此，对非数学专业的读者来说，我在下面简略描述的例子也许有些含糊。至于数学专业的读者，他们将理解我的意思并给出自己的具体例子。

假定你在写一篇数学论文，对于某数学对象 a，你在构造一个对象 b。在你的问题中也许会自然出现一个群 G，使得 b 是 a 在 G 中的逆，那么这个事实在你构造 $b = a^{-1}$ 时将非常有用。于是我们可以说，如果你眼前看不到群 G 就是糟糕品味的一个例子。好品味的一个例子也许是聪明地应用巴拿赫空间的隐函数定理来证明一个困难的定理。隐函数定理是基本的而且熟知的，但你对应用该定理的巴拿赫空间以及函数的选取必须适当。如果你选取成功了，将得到一个很难用其他途径得到的结果的简短证明⑥。

好的数学品味，要求在求解新的问题时机智地运用周围的数学文化中可以运用的概念和结果。因为文化的核心概念与结果在变化，所以文化也在缓慢或迅速地演化，为新的数学指路灯所取代。

数学审美虽然依赖于文化，但绝非无意义的潮流。应该记得，简短的数学论断也许有很长的证明，但在通常的数学实践中，我们总是走捷径，简单地应用熟知的定理并忘记这些定理的艰难证明。一个给定时期的给定数学文化，指的是定义了这个文化的标准定理、程序以及思维方式。因此，一个现代数学家应该知道隐函数定理和遍历定理 89

---

⑤　隐函数定理在微分几何（微分流形的研究）中起着重要作用。例如，见 S. Lang, *Differential Manifolds*，Addison-Wesley, Reading, MA, 1972。

⑥　一个例子是双曲集的持久性（persistence）的证明，见 M. W. Hirsch and C. C. Pugh, "Stable manifolds and hyperbolic sets", 收入 *Global Analysis（Berkeley, Calif.；1968），Proc. Sympos. in Pure Math.* **14**，Amer. Math. Soc., Providence, RI, 1970, 132—163。

并能够应用它们。但注意到，对于遍历定理，就不在庞加莱的文化视野中：他逝世于 1912 年而遍历定理起源于 1932 年⑦。

对于给定的数学文化，其智力景观具有大家都认可的标准的定理、术语和思想。它们不是一种任意的潮流，而是做数学的一种有效方式。但必须承认，在标准定理、术语的选择以及哪些被认为有趣的研究方面，历史的偶然性发挥着一定作用。在这个意义下，潮流确实在数学中起着作用。

我要重申，如同在艺术中一样，数学中的景观也在变化。既有黄金时期，也有漫长的沉闷平庸时期。有一些创新是死角和盲区。有一些创造者闪耀一时之后为人忘记，另一些创造者则以一种持久的方式改变了智力景观。

译者补注：

以下几份材料对数学与科学创造的过程与策略（参见第 21 章）做了有代表性的论述，谨供读者参考。

[1] 杨振宁，《我的学习与研究经历》，《物理》第 41 卷（2012 年）第 1 期，1—8 页。

[2] M. Atiyah, *How research is carried out*, Bull. IMA, **10**（1974），232—234. 中译文《如何进行研究》，收入《数学的统一性》，袁向东主编，大连理工大学出版社，2009 年。

[3] J. E. Littlewood, *The mathematician's art of work*, The Mathematical Intelligencer, **1** (2) 1978, 112—119. 中译文《数学家的工作艺

---

⑦ 实际上有几个遍历定理：[伯克霍夫（G. D. Birkhoff）的] 逐点遍历定理和(冯·诺伊曼的) 平均遍历定理出现在 1932 年，之后又出现了其他的遍历定理。这些定理保证了"时间平均"的定义，而且在遍历理论中起着基本的作用。（例如见 P. Billingsley, *Ergodic Theory and Information*, John Wiley & Sons, New York, 1965. ）

术》，周柳贞译，《数学译林》1983 年第 2 卷第 4 期，60—66。也见《Littlewood 数学随笔集》，李培廉译，高等教育出版社，2013 年。

[4] P. R. Halmos，《怎样做研究》，王庚、陈文宁译，《数学译林》1994 年第 2 期；也见作者的自传《我要做数学家》（马元德、沈永欢、胡作玄、赵慧琪译，江西教育出版社，1990 年）。

[5] 乌拉姆，《关于数学和科学的随想》，见《一位数学家的经历》（朱水林等译，上海科学技术出版社，1989 年）第 15 章。

[6] 波利亚（G. Pólya），《怎样解题》《数学的发现》《数学与猜想》，皆有中译本，科学出版社等。

17

单位圆定理与无穷维迷宫

我年少时曾听过当时一种很流行的波兰人演唱方式，伴有妇女的尖叫，这种方式确实令我喜欢。不幸的是，很多年我都没有听到这种歌唱方式了。因为我不懂波兰语，不理解歌词的含义，但那并不重要：重要的是这种与众不同的尖叫风格。

现在我将给你呈现一个数学片段，其实是一段陈述得非常轻松的数学材料，选择它是因为需要的概念是标准的，而且可以立即被数学家理解。而对我的非数学专业的读者，这一段对于他们来说其处境恰如波兰语歌唱之于我：即使不能理解其详细含义，至少也能欣赏唱歌的曲调与风格。

故事的开始是这样的，物理学家李政道和杨振宁在研究统计力学的一个问题时，遇到了一类特殊的多项式［见下面的（∗）式］

$$P(z) = \sum_{j=0}^{m} a_j z^j$$

的集合 $\mathscr{P}$。他们能够分析出,$\mathscr{P}$ 中的任意一个多项式 P 的所有根都位于复平面的单位圆周 $\{z: |z| = 1\}$ 上。因此他们猜测这个结论对 $\mathscr{P}$ 中的所有多项式 P 都成立。如果他们可以找到一个酉矩阵 U 使得 $P(z)$ 是 U 的特征多项式,即 $P(z) =$ $\det(zI - U)$,那么猜想就证明了。这是任何一个学过高等数学的人都会想到的办法,但这个方法在此不管用。杨和李有很好的数学功底,因此找到了一个证明,但这个证明并不简单。现在有更容易的证明了,这要特别归功于浅野太郎 (Taro Asano)。为证明杨–李单位圆定理 (将在下面陈述),我们需要将单变量 z 的 m 次多项式 P 替换为 m 个变量 $z_1, \cdots,$ z_m 的多项式 $Q(z_1, \cdots, z_m)$,$Q(z_1, \cdots, z_m)$ 关于每个变量 z_i ⁹¹都是一次的。我们感兴趣的是这样一类多项式 $Q(z_1, \cdots,$ $z_m)$ 的集合 $\mathcal{Q}$:只要 $|z_1| < 1, \cdots, |z_m| < 1$ 就有 $Q(z_1, \cdots,$ $z_m) \neq 0$。因此,如果 $P(z) = Q(z, \cdots, z)$ 且 Q 在 $\mathcal{Q}$ 中,则 P 的根 ξ 满足 $|\xi| \geqslant 1$。(在我们感兴趣的情况下,存在一个对称 $z \to z^{-1}$,因此也有 $|\xi^{-1}| > 1$,从而 $|\xi| = 1$。)很明显,如果 $Q(z_1, \cdots, z_m)$ 与 $\widetilde{Q}(z_{m+1}, \cdots, z_{m+n})$ 在 $\mathcal{Q}$ 中,则

$$Q(z_1, \cdots, z_m) \, \widetilde{Q}(z_{m+1}, \cdots, z_{m+n})$$

也在 $\mathcal{Q}$ 中。我们现在描述一个不那么显然的运算,称之为**浅野缩并**,它将 $\mathcal{Q}$ 中的多项式变为 $\mathcal{Q}$ 中的多项式。记

$$Q(z_1, \cdots, z_m) = A z_j z_k + B z_j + C z_k + D,$$

其中 A, B, C, D 是变量 $z_1, \cdots, z_m$ 中除去 z_j, z_k 之外的其余

$m-2$ 个变量的多项式。浅野缩并将两个变量 z_j, z_k 替换为一个单独的变量 z_{jk}，使得

$$Az_jz_k + Bz_j + Cz_k + D \rightarrow Az_{jk} + D.$$

从一个 m 元多项式 Q 出发，经过一次浅野缩并，我们得到一个 $m-1$ 元多项式，如果原来的多项式 Q 在 Q 中，则所得的新的多项式也在 Q 中。[这是一个简单的练习：$Az_{jk}+D$ 的根是 $Az^2+(B+C)z+D$ 的两根之积的相反数。] 可以验证，如果 $-1 \leqslant a_{jk} \leqslant 1$，则两个变量 z_j, z_k 的形如

$$z_jz_k + a_{jk}(z_j+z_k)+1$$

的多项式在 Q 中。(令多项式等于零，则得到一个映射 $z_j \rightarrow z_k$，该映射是一个对合，并且将单位圆的内部映射到单位圆的外部。) 将这些多项式相继相乘，当同一个变量出现两次时做一次浅野缩并，最后令所有的变量都等于 z，则我们得到杨-李单位圆定理：对于实数 $a_{jk} = a_{kj}$，$-1 \leqslant a_{jk} \leqslant 1$，多项式

$$P(z) = \sum_{X \subset \langle 1, \cdots, m \rangle} z^{|X|} \prod_{j \in X} \prod_{k \notin X} a_{jk} \qquad (*)$$

的所有根都位于单位圆周上[①]。

---

① 见杨振宁，李政道，"Statistical Theory of Equations of State and Phase transition. II. Lattice Gas and Ising Model"，*Phys. Rev.* (2) **87** (1952)，410—419；也见 T. Asano, "Theorems on the partition functions of the Heisenberg ferromagnets"，*J. Phys. Soc. Japan*, **29** (1970)，350‑359. 长期以来我都为杨-李单位圆定理着迷 [见 D. Ruelle, "Extension of the Lee-Yang circle theorem"，*Phys. Rev. Lett.* **26** (1971)，303—304]，而且我认为在这个领域仍然有未被揭示出的神秘。[2010 年，吕埃勒再次发表了一篇关于杨-李单位圆定理的文章，见 Characterization of Lee-Yang polynomials, *Annals of Mathematics*，**171** (2010)，589—603. ——译者注]

上面的陈述是不那么困难的数学，对一个职业数学家来说，它可能会令人耳目为之一新，并且欢迎这一转变：此前我们只是隔靴搔痒侃数学，而这里论述的是地地道道的数学。注意到，我只是概述了证明的细节，因为我们假定读者具有足够的知识背景来完成证明（或者只是承认它"当然正确了"）。特别地，所假定的知识背景（或文化传统）包括，关于酉矩阵的特征多项式的一个定理（提到了，但并不需要），代数基本定理②（需要，但没有提到）。我们现在已经远离基于 ZFC 公理的形式推导了。然而，（对一个职业数学家来说）给出一个更加正式的陈述将是容易的。而其理念在于，这个更加正式的表述的每一个细节，在原则上都可以扩充成完整的正式文本。因此，从原则上说，杨-李单位圆定理的上述陈述与证明可以写成一个完整的正式文本，而且可以机械地检验。我相信这样的文本最终可以用计算机写出来并检验。在我看来，这是我们解决即将成为未来数学的一个令人却步的问题——与证明中的错误做斗争——的唯一途径。然而，我们还是把这一问题留到以后的一章（第 18 章）。

92

杨-李单位圆定理的完整的形式化证明非常长，而且对数学工作者来说，既难读懂又难验证。可以说，数学家一直在形式完备的数学文本左右游走。即使他们愿意且能够写出这种具有完备形式化的数学证明，也不会真的去写。如果这样做了，那么之前所提的杨-李单位圆定理的证明该放到哪里去？证明文本毕竟是人类数学家执笔的，他所用的表达方式要能够让读者快速高效地领悟某些推导的正确性（也就是说能将这些内容形式化）。从这些说明中能获得的不是纯形式化

---

② 代数基本定理其实是一个偏分析的而非代数的定理。它断言，对每一个复系数的 m 次多项式 $P(z) = \sum_{j=0}^{m} a_j z^j$，存在 m 个复数 $r_1, \cdots, r_m$ 使得 $P(z) = a_m \prod_{j=1}^{m} (z - r_j)$。

的语言，而是数学家头脑里的想法。

思想是什么？说得更具体一些，数学思想是什么？为使回答实用而非深奥，我要说，思想是可被用于一个数学证明的数学语言的一个简短陈述。（这个陈述可以是猜想或评论。）作为举例，我想指出关于杨-李单位圆定理的那一段数学陈述中的主要思想；我看出其中有3个主要思想。第一个思想是定理的猜想（某种形式的多项式的零点全部位于单位圆周上）。第二个思想是将关于多项式 $P(z)$ 的断言替换为关于 $Q(z_1, \cdots, z_m)$ 的断言。这两个思想归功于杨振宁和李政道。第三个思想是浅野缩并（归功于浅野）。这三个思想都不是显而易见的。[第二个思想取代了将 $P(z)$ 表达为一个特征多项式的简单想法。] 这三个思想都可以言简意赅地表达。事实上，经过几分钟的解释之后，数学家就可以写出杨-李单位圆定理的证明了。相对而言，猜出这个定理或首次找到证明必然是一项艰难的工作。我已经陈述了三个主要思想，那些次要一点的思想可以由职业数学家添加进来。

我想暂时回到这一问题：为何一个定理，虽然有简单的证明，却很难找到？然而，首先我想问，杨-李单位圆定理如何会有一个简单的证明？我们已经看到，根据哥德尔的结果，某些陈述简短的定理如何会有很长的证明。因此，杨-李单位圆定理很难证明并不令人惊讶，我们惊讶的是，这样一个简单的证明是如何找到的。原因在此：我们的处理中有一些证明很长的结果，但是我们不必再证一遍了（一个例子是早先提到的代数基本定理）。当今数学的文化背景包含了很多技术工具，使得我们可以有效地解决各种问题。（我们的技术工具的全副武装源于通过文化发展对有效工具的筛选。）因此，杨-李单位圆定理的简单证明不是源于 ZFC 公理的简短证明，而是源于代数的标准（在此是"基本的"）工具的简短证明。

数学家可以利用的工具或许能够与旅行者可以利用的高速公路系统相比较：两者都提供了从 A 到达 B 的有效方式。但是存在一个重要的区别：选择高速路线通常是件容易的事；而选择一个有效的数学路线来证明定理则不然。我继续讨论高速公路系统与数学武器装备之间的相似之处。从高速公路系统可以了解一个国家的地理，但这也可以用其他办法来了解，因此，新修一条路线并不会从根本上改变我们的地理知识。而数学技术工具的全副武装则体现了数学的内在结构，而且基本上这也是我们关于这个内在结构所知道的一切，因此创建一个新理论将改变我们对数学的不同部分之间的结构关系的理解。

　　我们现在考虑这样的问题：即便一个定理的最终证明是相对简单，为什么发现这个证明很难？简单说来，这是因为发现东西可能是困难的，而验证发现则可以很简单。例如，找出你老板的电脑密码也许是困难的，但你一旦知道了就很容易用。

94

　　我想暂时转移到密码上。假定你老板的密码长度为 7（也就是说，密码是一个长度为 7 的字符序列），而每个字符可以取自 62 个字符 $a, \cdots, z, A, \cdots, Z, 0, \cdots, 9$。那么所有可能的密码数目为 $62 \times \cdots \times 62 = 62^7$，它随着密码长度呈指数型快速增长。代之以搜索密码，我们来搜索一个城市的十字路口（假定街道都是横平竖直的）。如果我们考虑一个大小为 7 的正方形（7 条街和 7 条道），那么只有 $7 \times 7 = 49$ 个十字路口。十字路口的数目按照所搜索区域的大小的平方而增长，其速度要远远慢于密码的指数增长。这是因为我们对十字路口的搜索是二维的。对窗户的搜索则可以是三维的。（比方说，在每一栋楼的每一层有 40 个窗户，那么在一个 15 栋楼、每栋 15 层的小区，总计有 $40 \times 15 \times 15$ 个窗户。）在线盒里寻针也是三维的。而在一条街（例如唐宁街 10 号）上寻找门牌号则是一维的。搜索密码的维数是多少呢？它要大于 1，2，3，…，我们称这个维数是无穷大。

现在是时候返回到数学家的任务了。这个任务逼近于写出一个完整的形式化的数学文本，但又不是一个很近的逼近。数学家用"思想"工作，上面我们已经给出了一些例子。思想的一个恰当的序列将给出一个有趣定理的证明。这就是庞加莱和阿达马所描述的组合任务（见前一章）：将思想汇集在一起直到发现正确的组合。这个任务有多难呢？它不是一个一维、二维或三维的搜索。它更像试图猜出一个密码；这是一个无限维的搜索。但是存在一个区别。字符在密码中可以任意排列，而数学思想必须要对号入座。（当我们利用毕达哥拉斯定理的思想时，可以给出一个很好的例子说明这一点。这是一个精巧的数学思想，但只有在遇到直角三角形的情况下才用得上。如果不是这种情形，你不能用这个想法。当然，除非在你的问题中可以引入直角。然而，为达到这一点，也许你需要新的思想。）将数学思想汇集成一个序列就像在一个无限维空间中漫步，从一个思想到下一个思想。这些思想必须相合的事实意味着，在每一步都会呈现出许多种新的可能，你必须做出选择。你就像处在一个迷宫，甚至可能是一个无限维的迷宫中。

我刚刚将人类数学描述成思想的一个无限维迷宫，数学家在其中徘徊，寻找定理的证明。这些思想是人类发现的，属于一种人类数学文化，但要受到这个学科的逻辑结构的严密制约。因此，数学的无限迷宫具有人类构造与逻辑必然性的双重特征。而且这就赋予迷宫以奇异的优美。它反映了数学的内在结构，而且是关于这个内在结构我们所唯一知道的东西。然而，只有当我们在迷宫中漫游了很久以后我们才能欣赏其优美；只有通过学习我们才能对数学理论微妙而有力的美学吸引力有全面的体会。

译者补注：

[1] 关于杨-李单位圆定理的一个通俗介绍，可见下述文章（可登录 http：//w3. math. sinica. edu. tw/media/）：林开亮，《Lee-Yang 单位圆定理》，台湾《数学传播》，第 37 卷第 1 期（2013 年），48—60。该文的正文介绍了杨振宁与李政道最初的证明，而附录中则给出了属于浅野的简单证明；此外文中还摘引了杨振宁先生在他的《科学论文选集》（C. N. Yang, *Selected Papers*, 1945—1980, *with Commentary*, San Francisco, Freeman & Co, 1983）中对于这一发现的个人回忆，中译文收入《杨振宁文集：传记、演讲、随笔》第 25—27 页，张奠宙主编，上海，华东师范大学出版社，1998 年；也见杨振宁《六十八年心路 1945～2012》，北京：三联书店，2014 年。

[2] 2009 年 4 月 13 日，杨振宁先生在与复旦大学物理系教师的座谈中特别提到了单位圆定理的发现历程，也许将令读者颇受教益，兹引述如下 [见施郁、戴越，《杨振宁与复旦大学物理系教师的座谈》，《物理》第 40 卷第 8 期（2011 年），496—497 页]：

> 我最近这些年在中国各个城市演讲，经常有人问我："杨教授，根据你研究的经验，你觉得做研究工作最应该注意什么？"所以我想来想去，我最近忽然了解一点，还没有写成文章，不过我预备写文章 [按：见杨振宁，《我的学习与研究经历》，《物理》第 41 卷第 1 期（2012 年），1—8 页]。比如说，我有一篇文章，后来很有名的，叫作"单位圆定理"。单位圆定理是怎么发现的呢？就是在统计力学里有配分函数，配分函数的变量是实的。李政道跟我在 1951 年研究的时候呢，我们把它当作是一个多项式，虽然这是一个实系

数的多项式，但是我们在整个复平面上研究它的根的分布。先从小的模型开始，只有两三个自旋，然后有四五个自旋。结果每一次就发现这些多项式的根都在单位圆周上，所以就猜想有单位圆定理。我现在要讲的是，为什么我们要把它搞到复平面，因为本来大家讲的都是实数，为什么会有复平面？这个我现在知道。一问这问题，我就知道这回答。这是因为，我在小学的时候，我父亲［按：即杨武之（1896—1973），中国近代著名数学家和数学教育家］是研究代数的，他就跟我说，代数里有个基本定理，就是说，任何一个 N 次多项式一定有 N 个根，换句话说，你可以把一个 N 次多项式写成 N 个一次因式的乘积。我还记得我在小学时，他就让我牢记两个他认为非常优美的定理，一个就是刚才这个定理。这个定理好像是不是叫作代数基本定理？

由此可见，杨-李单位圆定理中最重要的思想（第一个思想）是来自观念上的：虽然在物理学中出现的多项式是实系数的，但为了分析其特性，必须要放到整个复平面内考察其零点位置，这在杨振宁与李政道之前是无人考虑的。这不禁令人联想起薛定谔将复数首次引入量子力学中的大胆尝试。

18

错 误!

数学景观随着时间的变化而改变。新的定理被证明,更好的工具也被开发用来解决各种各样的问题。同时,尚未被解决的问题越来越困难了。我曾有机会与 20 世纪的大几何学家陈省身①聊起这个变化着的世界。他跟我解释,当他读到霍普夫关于球面的纤维化的工作②时,他感觉身处当时数学的前沿;他也能够开展原创性工作了。现在,霍普夫的想法仍然很精彩,但学习起来容易多了。在 21 世纪的初期,要进入数学前沿一般是很困难的。只要想一想,如果你要在代数几何与算术这方面做研究的话,你就必须要掌握格罗滕迪克的思想。

---

① 陈省身 (1911—2004),中国数学家,在美国度过了他的大部分时光。(关于陈先生的传奇人生,可见张奠宙、王善平《陈省身传》,华东师范大学出版社,2004 年,修订版 2011 年。——译者注)

② 这里所指的是 H. Hopf, "Über die Abbildungen der dreidimensionalen-Sphäre auf die Kugel-fläche", *Math. Ann.* **104** (1931),637 - 665; "Über die Abbildungen von Sphären auf Sphären niedrigerer Dimension", *Fund. Math.* **25** (1935),427—440.[霍普夫 (Heinz Hopf, 1894—1971),德国数学家,对 20 世纪的几何学与拓扑学做出了重要贡献。——译者注]

数学也并不总是变得越来越困难。有时，一个新的技术进展可以为此前无法触及的问题提供通道。有时，从前未能引起兴趣的问题成为一个新的数学领域的中心，一些重要的结果也可以相对容易地得到。例如，计算机的出现加速了算法的研究并导致了一些基本的观念性进展，如 NP 完备性的概念，素性检验可以在多项式时间内完成③。

不过一般来说，我们必须承认数学变得越来越困难了。这一点改变了做研究的实践。在 1960 年代，我有一次听说某个数学家因为未经核实就应用别人的结果而遭到批评。因为文献的剧增，这种对早期结果的验证已经变得越来越不可能。在 1970 年代，我听德利涅说，他感兴趣的是那些他个人能够在所有细节上理解的数学。这就排除了那些用计算机证明的以及那些证明极长而个人难以核实的数学。事实上，计算机辅助的证明与篇幅极长的证明已经成为当代数学的一个常规特点。

也许我们正见证着数学"道德价值观"的式微；格罗滕迪克曾明确这么说过。然而，我们同时也看到在一些古老问题（费马大定理、庞加莱猜想④等）的解决上所获得的不寻常的成功，因此我们也必须

---

③　算法在给出一些数据以后可以解决某种类型的问题。例如，这个问题可以是，给定的整数是否为素数？这里预先给定的整数就是数据。数据具有某种长度，此处就是所给整数的位数。一个明显有趣的问题是，了解一个算法有多快，即需要用多久来解决一个给定的问题。例如，对于一个多项式时间的算法，完成时间有一个由数据长度的多项式给出的界。一个问题被认为是温顺的，如果它有一个多项式时间的算法。值得注意的是，对素性检验（即检验一个整数是否为素数）来说，存在一个多项式时间的算法。[素性检验的温顺性是由印度数学家阿格拉沃尔（M. Agrawal）、卡亚勒（N. Kayal）和萨克塞纳（N. Saxena）在 2002 年证明的。] 对于一些问题，如果你猜出一个答案，那么这个答案可以在多项式时间内被检验。存在一类在某种意义下与之等价的问题（NP 完备类，见第 14 章注释⑨）。一个公开的大问题是，NP 完备的问题是否事实上能够在多项式时间内解决。一般认为并非如此，但尚未被证明。

④　庞加莱猜想（1904 年）对三维流形中三维球面给出了刻画。在诸多尝试之后，看起来佩雷尔曼最终在 2002 年证明了这个猜想。

承认，从某方面来说，当代数学是极其健康的。简言之，我们注意到人类数学的本质在变化。对这个变化，不同的人采取不同的方式。一个导致了争议的例子是由瑟斯顿关于三维流形的工作引发的。几何学的一个自然的问题是，将某一类流形分类（就是说穷举出来）。关于二维流形的分类已经取得了很好的理解，但三维流形的分类研究要困难得多。在做了相当多的重要工作之后，瑟斯顿对这个课题有了一个很好的了解，对此他给出了一个粗略的描述及其证明纲要。然而，虽然瑟斯顿的纲领声称建立了一大块数学领域，但并没有给出可供同事检验的证明。实际上，他使得其他数学家很难在这个领域内工作：你不会因为证明了一个已被宣称的定理而得到很高的声望，而同时你又不能应用这个尚未证明的定理。贾菲（A. Jaffe）和奎因（F. Quinn）的一篇经常被讨论的文章⑤中提到了瑟斯顿和其他人对数学的这一演化的讨论。结果表明，虽然瑟斯顿纲领现在已经实现了很大一部分，但是贾菲和奎因提出的问题对数学的某些部分仍然很有意义。

现在是时候去考察计算机在数学上的应用了。谈到计算机，有人立即想到冗长的数值计算。这样的计算在纯数学中是否有用呢？有时候是的。事实上，黎曼确实徒手做了冗长的数值计算，如果有一台高速的计算机帮忙的话，他必定会非常高兴。计算机在将出现于动力系统理论中的对象⑥可视化方面也很有帮助。计算机也可用于试探数学 98

---

⑤ A. Jaffe and F. Quinn, "Theoretical mathematics' toward a cultural synthesis of mathematics and theoretical physics", *Bull. Amer. Math. Soc. N. S.* **29** (1993), 1 - 13; M. Atiyah, et al. , "Responses", *Bull. Amer. Math. Soc. N. S.* **30** (1994), 178 - 207. （中译文分别是《"理论性数学"：数学与理论物理的文化综合》，周善有译，《数学译林》1993 年第 13 卷第 2 期，147—157；《对 A. Jaffe 与 F. Quinn 的〈"理论性数学"：数学与理论物理的文化综合〉一文的反应》，江嘉禾、铁小匀译，《数学译林》1994 年第 13 卷第 4 期，317—322。）

⑥ 例如，所谓的奇异吸引子，见 J. -P. Eckmann and D. Ruelle, "Ergodic theory of chaos and strange attractors", *Rev. Modern Phys.* **57** (1985), 617—656。

问题，即检验一些猜想是否可信。大多数数学家都不反对计算机的这个试探功用。但计算机的常规应用只给出近似的数值结果；我们如何由此得到严格的证明呢？

计算机确实是非常万能的机器。我将指出它们可以精确操作的一些任务，这可以用于证明定理。最明显的是它可以用来对整数做精确计算。然而，计算机还可以编程来做逻辑演算：例如，检验一长串的情形，在每一个情形中对某个问题给出一个是或非的回答。正是计算机的这个组合功能被用于证明四色定理⑦。利用区间算术，计算机也可以精确地处理像 π 和 $\sqrt{2}$ 这样的实数。其想法是，如果你知道 π 在区间 (3.141 59, 3.141 60) 中而 $\sqrt{2}$ 在区间 (1.414 21, 1.414 22) 中，那么你就会知道 $\pi+\sqrt{2}$ 会精确地落在区间 (4.555 80, 4.555 82) 中。区间算术允许你在一个严格可控的精度内对实数进行各种运算。我来概述一个例子以说明这样的计算如何可用于证明一个定理。假定我们已知平面内两条（具体给定的）曲线 A_0 与 B_0 相交于已知点 X_0，现在想证明两条（具体给定的）曲线 A 与 B 相交于一个与 X_0 邻近的点 X。

我们知道，在一定条件下（A_0 与 B_0 横截相交⑧，而且在某特定意义下，A 与 A_0 充分接近，B 与 B_0 充分接近）这是对的，而这些条件可以通过数值验证。借助计算机来做这个数值验证是方便的。我就概述了一个计算机辅助的证明，在适当的条件下，两条曲线 A 与 B 交于

99

———————

⑦ 假定地球表面被分成"国家"（没有海洋），每个国家都连通（没有不相连的国土），而我们想给每个国家着色，使得接壤的国家具有不同的颜色（我们允许只在有限多个点接壤的国家着相同的颜色）。我们需要多少种颜色呢？阿佩尔（K. Appel）与哈肯（W. Haken）在 1977 年发表了一个计算机辅助的证明，发现只要 4 种颜色就足够了。

⑧ 横截性（transversality）是拓扑学中一个非常重要的概念，例如可见张筑生《微分拓扑新讲》，北京大学出版社，2002 年。——译者注

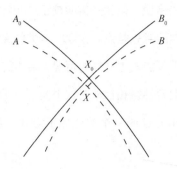

一点 X,并且对 X 与已知点 X_0 之间的距离有一个估计。

　　真正的数学家感兴趣的一些定理恰好具有上面描述的这种形式，只不过将曲线 A 和 B 替换为某无限维空间的流形。我的同事兰佛德[⑨]曾报告过一个这种类型的定理。这里我们并不关心定理的内容，而只考察兰佛德证明中的一些技术方面。这个证明是计算机辅助的，也就是说它包含一些数学准备，然后是一个计算机程序。这个程序（或代码）利用区间算术来验证各种不等式；如果这些不等式成立那么定理就是对的。问题的复杂性迫使兰佛德编写了一个长达 200 多页的程序。每一页由两列构成，一列是代码（用 C 语言的一个变形），一列用于解释这是在干什么。事实上，没有解释的长代码是无法理解的，即便对于写代码的人来说也是如此。而在目前的情况下，因为它是一个数学证明，所以应该保证其他人能够验证它。兰佛德是一个非常细心的人，他不厌其烦地验证，当代码编入到计算机以后，计算机所做的确实符合指令。以这种方式——在计算机认可了代码中的不等式之后——定理的证明完成了。

　　然而，兰佛德补充了一个或许令你非常沮丧的评论："我确信我

────────────

　　⑨　兰佛德（Oscar Lanford，1940—　），美国物理学家，对统计力学做出了许多重要贡献。他的计算机辅助证明从未发表。我曾在 *Mathematical Platonism reconsidered* 一文中讨论过这一点，见第 1 章注释①。

所写的代码中有一些错误，但我坚信能校正这些错误，所以结果的正确性不受影响。"他的意思是说，在 200 多页的文字中可能有一些错误。在目前的情形下可能发生这样的情况：某些需要证明的不等式其实并没有被证明！但兰佛德相信他对这个问题有了一个充分深入的理解，而且他可以找出并证明一个类似的不等式，足以确保他的定理成立。

在这一点上应该记住，计算机辅助的证明不是完全形式化的数学（那些在原则上可以完全相信的数学）。计算机辅助的证明是人类数学的一部分。但是，在如何避开错误这方面，运用计算机时的情况与运用笔纸的"正常"情况很不相同。你可以在计算机代码中检验排除出一些错误，但是对于笔纸证明，你也许缺乏优秀的职业数学家培养起来的那种直觉了。

随着证明变得越来越长，数学中的错误问题也变得越来越严重，不论是否运用计算机。除了错误的问题，这里我还要讨论漏洞的问题，即那些在证明中被认为是容易看出但实则不然的部分。直截了当地说，论文中出现错误的概率按论文长度的指数形式增长（或者更糟）。而一个错误可以扼杀整个证明。幸运的是，许多错误，比如拼错一个名字或者弄错了某个参考文献的日期，在数学上是无关重要的（即便会令一些人非常恼火）。更严重的错误通常也可以被修正，后面我们将讨论这是如何做到的。通过再次考察有限单群的分类定理，我们可以看到错误和漏洞能够有多么严重。这个定理的证明长达几千页，分别由好些作者完成，其中一部分还有计算机辅助。自从 1980年前后，这个定理就被认为是在"情理"上被证明了，只有一部分留待写下来。这部分就是证明中的漏洞，但在专家看来它们并不要紧。然而，后来发现，其中的一个漏洞严重到需要另外 1 200 多页的

（2004 年⑩）证明的程度。还有一些数学领域也处在一种凌乱的状态。例如，黑尔斯在谈到球堆积问题时写道："这个课题中充斥着错误的论证与摒弃的方法这些垃圾⑪。"

那么这是否意味着数学已经忘却了它古老的严格标准呢？数学真理已成为一种观点而非知识？对于这个问题，在对前面提到的贾菲和奎因的文章⑫的回应中，不同的作者表达了种种有趣的见解。基本上你可以说，在某个领域内的优秀数学家知道所发表的文献的可信度。有一些领域已经为高水平的数学家详细检验过而且定理用几种不同的方法证明过；这些领域可以认为是极其严格的。但你必须承认，数学文献中含有大量的垃圾，因为一些人出于谋生的需要而发表文章，纵使他们对所研究的东西缺乏兴趣。

总之，对数学推理追求绝对的逻辑严密性这种古老理想不可能被抛弃，不过有试图改变数学形态的各方力量在涌动也是事实。因为数学家们为了那些无论如何也想使之成立的定理，可能会写非常冗长的证明或使用计算机来获取证明。例如，倘若你想证明关于有限单群的某个性质，你可以对列出的每个单群逐一验证这个性质。这就表明了分类定理是何等得有用：它是改变了数学景观的一盏新的指路明灯。当然，人类数学也发生了改变。现今做数学的方式与 100 年前有很大

---

⑩ 见 M. Aschbacher, "The status of the classification of the finite simple groups", *Notices Amer. Math. Soc.* **51** (2004), 736—740.（有中译文，《有限单群分类的现状》，马玉杰译，《数学译林》2004 年第 23 卷第 4 期，292—296。）

⑪ 如果你将弹球放入一个立方体容器中，填充密度在容器变大时所取得的极限以（关于球的）最紧填充密度著称。很容易猜出这个密度来，但是要证明这个猜想［即著名的开普勒猜想］看起来极其困难。［这个猜想最终被弗格森（Samuel P. Ferguson）和黑尔斯证明。2014 年 8 月 10 日，黑尔斯宣称利用机器证明验证而得到了一个完整的形式化证明。——译者注］见 T. Hales, "The status of the Kepler conjecture", *Math. Intelligencer*, **16** (1994), 47—58；以及 B. Casselman, "The difficulties of kissing in three dimensions", *Notices Amer. Math. Soc.* **51** (2004), 884—885.（有中译文，《三维吻接问题的困难性》，朱晓辰译，《数学译林》2005 年第 24 卷第 3 期，223—224。——译者注）

⑫ 见注释⑤。

的不同。100 年后又将是以另一种方式做数学。比之于从前的世纪，现在的数学事业也许不够令人满意，也许不然。但总有新的结果与更深刻的理论，而且有数学实在的更多未知面为人们所理解。

随着最近计算机检验的形式证明[13]的出现，数学中发生了一个重要的观念性进展。其思想是，数学家将定理的证明用形式语言转换成一系列的引理（这是一项艰苦的工作）。然后将这些引理（利用一个称之为证明助理的程序）输入到计算机，计算机将检验它们是否正确，并提供一个完全形式化的证明（这个部分是非平凡的而且工程浩大，因为计算机要搜索所有证明的可能性，而正是在这一点上人类数学无法追踪形式证明的冗长细节）。刚刚描述的形式证明比普通的人类证明要可靠得多。事实上，如果证明助理利用的逻辑规则和公理没有逻辑矛盾而且程序没有错误的话，我们得到完全的确定性。不过哥德尔告诉我们，我们无法证明逻辑矛盾的不存在（但比起人类数学来，这并不是一个更严重的问题）。至于程序中的错误，考虑一种称为 HOL Light 的用来实施形式证明的证明助手。HOL Light 的做检验的逻辑内核，由不超过 500 条的代码构成。它们被仔细审查过，你有理由相信不存在错误了。顺便说一句，HOL Light 的基本公理不是 ZFC（但众所周知的是，HOL Light 的矛盾将蕴含 ZFC 中的矛盾）。证明助理已经检验了像素数定理与四色定理的极不平凡的形式证明。但显然，目前计算机的创造力还远不如人类数学家，改变这一点还需

102 要多久呢？

---

[13] 见 T. C. Hales, "Formal proof", *Notices Amer. Math. Soc.* **55** (2008)，1370—1380；也见 *Notices* 同一期（12 月）中的其他文章。特别值得指出的是，早在 20 世纪 70 年代末，中国数学家吴文俊就在中国古代数学的启发之下开创了"数学机械化"，见他的专著《数学机械化》，科学出版社，2003 年。——译者注

19

《蒙娜·丽莎》 的微笑

每个人在其学术生涯中会参加许许多多的专业报告。有这种经历的人都知道，偶尔他也会听不下去。也许是因为他不感兴趣，也许是因为缺乏所需的背景知识，也许是因为他错过了演讲者一开头或中间某个时刻说过的一些重要东西。于是他坐在那里，进入了半瞌睡状态，思想游离于一些与演讲主题无关的东西，演讲飘过耳边时，偶尔又抓住一个专业术语或一个毫无意义的句子。曾有这样一个场合，我的注意力被反复出现的、语调越来越强的词语"KILL"抓住。事实上，"KILL"来自用语"KILL that antisymmetric matrix（吃掉那个反对称矩阵）"。从专业上讲，一个 matrix（矩阵）就是一个数表 (a_{ij})，如果 $a_{ij} = -a_{ji}$ 就称为 antisymmetric（反对称的），而"Killing（吃掉）"这个矩阵大概意味着"找出一个对应于特征值 0 的特征向量"，但我不确定。然而，演讲者对"KILL that antisymmetric matrix"的发音非常有趣。其实他说出口的是"KILL that anti-Semitic matrix"。那时我很清醒，我的听力非常好，而且我很用心地听。如果我将注意力集中在数学上，那么我必定会迷失，但有一点是毫无疑问的：他说的是"anti-Semitic（反犹太的）"而不是"antisymmetric"。他反复地说"KILL that anti-Semitic matrix"①。

单词 kill 与 matrix 当然有其数学含义，但它们在日常英语中也有各自的基本含义：kill 是"to kill"（杀死）的意思，matrix 是"womb"（子宫）的意思。在一个数学讨论中，这些世俗的含义被隐藏起来了，但它们仍然存在于潜意识中，正如上面的故事所表明的。早先我们曾讨论过那些为庞加莱和阿达马提供了数学问题解答的纯净的潜意识。但"KILL that anti-Semitic matrix"是另一种充斥着性与不愉快的潜意识——弗洛伊德②博士的潜意识——的萌发。我们真的需要探究那种潜意识吗？弗洛伊德的思想能够对我们的数学讨论带来有用的东西吗？我邀请你听一个案例并做出自己的判断。

这里我并不认为弗洛伊德的思想是理解数学思维本质的关键。而弗洛伊德其实从未做过这种论断。有个伙计说，最好去拜访一下弗洛伊德，问问他，对于某些人从事数学工作，他是怎么看的。诚然，弗洛伊德已经去会马克思了，但我们可以看一看他的《达·芬奇画传：对童年的记忆》③（1910 年）。这项研究其实与对科学的好奇心的讨论

---

① 一个显然的注记是，固然有我的思考和论断，但也许演讲者实际上说的就是 antisymmetric。如此的话我听到的 anti-Semitic 就是我的潜意识而不是他的潜意识的产物了。我不再分析我的潜意识，但要指出，人的潜意识在起作用。而且对目前讨论的目的来说，知道究竟是谁的潜意识并不重要。

② 弗洛伊德（Sigmund Freud，1856—1939）是奥地利精神病医生及精神分析学家，精神分析学派的创始人，以其著作《梦的解析》《精神分析引论》等而闻名。——译者注

③ 原来的德文书名是 *Eine Kindheitserinnerung des Leonardo da Vinci*。（有两个中译本：《达·芬奇画传：一个对童年的记忆》，李雪涛、任仲伟译，华东师范大学出版社，2006 年；《列奥纳多·达·芬奇及其童年的回忆》，张杰等译，上海文化出版社，2006 年。——译者注）对于艺术史家夏皮罗（Meyer Schapiro）关于弗洛伊德的书的一篇基本而且极具可读性的研究文章 ["Leonardo and Freud", *Journal of the History of Ideas* **17** (1956)，147—179]，我们深表感激。我读的是一个法德双语版本（*Un souvenir d'enfance de Leonard de Vinci*，Gallimard，Paris，1995），附有精神分析学家蓬塔利（J.-B. Pontalis）写的一个很长的序言，他利用了夏皮罗的研究成果。弗洛伊德的《达·芬奇画传》对这位大艺术家的性格给出了一个非常有趣的解释。这本书读起来很精彩，只要保持一个警惕和批评的思维！顺便提一句，我发现的另一本很耐读的书是弗洛伊德的《摩西与一神教》（*Der Mann Moses und die monotheistische Religion*，Verlag Allert de Lange，Amsterdam，1939）。（中译本李展开译，三联书店，1988 年。——译者注）

紧密相关。

佛罗伦萨人达·芬奇（L. da Vinci，1452—1519）自然是《最后的晚餐》《蒙娜·丽莎》等艺术杰作的作者。他所留下的笔记记录了他在观察自然方面永不知足的科学好奇心和令人惊叹的机械发明才能。他的才智领先他的时代好几个世纪。这样一个人会引起弗洛伊德的注意，是情理之中的。

达·芬奇是佛罗伦萨公证员皮耶罗·达·芬奇（P. da Vinci）与农村少女卡塔里娜（Catarina）的私生子。5岁时，达·芬奇与父亲一家住在了一起。父亲后来娶了阿尔别拉（D. Albiera），他们一直没有子女。15岁时，达·芬奇成为德尔韦罗基奥（A. del Verrocchio）的学徒，进一步修炼成我们所知的卓越艺术家。后来，他把越来越多的时间花在了研究他笔记中所描述的自然、工程等课题上。

弗洛伊德指出了达·芬奇性格中一些引人注目的特征，有一些需要解释一下。达·芬奇是一个强壮而英俊的男人，他喜欢优雅的穿着和讲究的住所。也许他有同性恋倾向，但没有实际的性生活④。在多年的缓慢工作之后，达·芬奇常常仍未能完成其绘画。他对理解的欲望极为强烈，而且他在笔记上的工作日渐取代了他的绘画活动。他计划了好几个课题，但往往一个都没能完成。他是素食主义者，反对战争，常常从市场上买鸟放生。但他参加了对罪犯的审判，并且是博尔贾（C. Borgia）的主要军事工程师。

也许应该加一句，达·芬奇的"科学"主要是自然的视觉描述，因此与他的绘画直接相关。他研究了透视，解剖了尸体，观察了鸟类 104

---

④ 也有一说认为达·芬奇是同性恋者。还有些人宁愿认为他与佛罗伦萨的某位绝代佳人有一段浪漫恋情，也无法接受他完全没有性生活的观念。然而，弗洛伊德比其他人都要擅长于猜测在一个人的思维里发生了什么，也许在这里他是对的。

的飞翔。他的谦虚体现在诸如"在谈论中引经据典是在发挥记忆而非才智"和"自然充满了那些我们的经验从未达到的种种理由"等论断上⑤。

在我们考察弗洛伊德对达·芬奇的分析之前，我要指出，牛顿也具有上面谈论到的诸多特征：对理解的强烈渴望、广泛的兴趣（为发现宇宙之本质的欲望所统一）、一定的同性恋倾向，而且表面上看来也缺乏性生活⑥。

弗洛伊德用升华作用来解释达·芬奇的性格。照弗洛伊德的说法，人本能的性能量是人类一切创造成果的源泉。当人的性能量得不到合适的发泄途径时，将会通过其他形式释放，如转化成艺术灵感、创作冲动、工作热情等，这就是升华作用⑦。小孩子天生就会遇到关于他们自身起源的本体论的问题：婴儿是如何出生的？弗洛伊德时代的标准答案与鸟有关。但聪明的孩子也许会猜测母亲的作用比鸟的作用更重要，这就会遇到极具挑战性的问题：母亲的实际作用是什么？为什么大人要撒谎？父亲的作用又是什么？如果有的话。男孩与女孩的区别在哪里？为什么？从这种方式看，由性能量所驱动的对性的好奇，是小孩子好奇的中心所在。正常情况下，这个好奇心将成为最终引导出"正常"性行为的一个因素。（从前，我们写"正常"这个词时并不需要带引号。）然而，这个好奇心的一部分升华成一些与性无关的目标，这些目标也许具有社会价值，比如特殊的艺术创造与智力研究。在某些情况下，正如弗洛伊德所说的达·芬奇，原始的性驱动完全转化为与性无关的目标。

---

⑤　这些是弗洛伊德在书中所引用的达·芬奇的话。
⑥　见第1章注释②。
⑦　这里我部分参照了 J. Laplanche and J. -B. Pontalis, *Vocabulaire de la psychanalyse*, Presses Universitaires de France, Paris, 1981。

大致说来，虽然弗洛伊德的思想引发了诸多反对，但升华作用的概念被很好地接受了。例如，《美国传统词典》中简述了这个概念（见词条 sublimate），即便没有提及弗洛伊德。然而我们可以责备弗洛伊德的地方也许在于，在像达·芬奇这样一个已知材料甚少的案例中，他过分相信于"精神分析方法"的力量了。例如，弗洛伊德注意到，达·芬奇的笔记中谈到了一个看上去与他关系密切的学生，记录了他母亲卡塔里娜和父亲逝世的日期，还提到了一些数字（例如蜡烛的开销），但是从未表达过任何情感。这是一个有洞见的观察但却不够令人信服，因为并不能肯定此处提及的卡塔里娜究竟是他母亲还是只是一个女佣。105

弗洛伊德想将对达·芬奇的童年记忆的解释与达·芬奇对一种叫作鸢（在意大利语中称为 nibbio）的鸟的飞翔研究关联起来。达·芬奇指出，他之所以写出关于鸢的细节好像是命中注定的，因为他童年记得的第一件事情好像就是，当他躺在摇篮里时，一只鸢飞了过来，用尾巴戳开了他的嘴，并在他的嘴里不停地抽打。对弗洛伊德 100 年之后的一个受过现代教育的、思想开明的读者来说，这个"记忆"（或幻想）立即暗示出一个性的解释。按照弗洛伊德的说法，这是口交幻想，作为婴儿的达·芬奇在吮吸母亲的乳房。弗洛伊德读到的"童年回忆"是一个德文译本，遗憾的是，在那里 nibbio 被翻译成了秃鹰而不是鸢。结果，他利用了许多这样的事实：古埃及语中母亲这个词通常用秃鹰的图像表示。由此，他得到了许多基于 nibbio 与母亲的错误联系的毫无意义的解释。

弗洛伊德还将达·芬奇著名的《圣母子和圣安妮》解释为（童年的）达·芬奇和他的两个母亲（卡塔里娜与阿尔别拉）。为支持这个解释，弗洛伊德指出，在达·芬奇的作品中，圣母子和圣安妮的绘画主题是不寻常的。然而不幸的是，止如艺术史家夏皮罗指出的，对圣安妮的崇拜与圣母子和圣安妮的主题在达·芬奇的工作时期是盛行的。

读者你对上述讨论的反应如何呢？我的许多在"硬"科学（如数学和物理学）领域中工作的同事，以一种轻蔑的态度回应弗洛伊德的精神分析和其他的"软"知识（如哲学和经济学）。所谓的专家会如何处理这些东西呢？他们会亮出一个彻底毁灭性的（而且绝对正确的）判断。他们也许还会解释，为解决一个（比方说）经济学的问题，真正需要做的是什么。而那时，他们也将跳入这个课题中为专家所熟知的众多误区之一。

"软"知识是那些方法上非常困难而且不稳妥的知识。弗洛伊德的精神分析学显然就是这样的例子。要强调的是：弗洛伊德并非永远正确。然而，他揭示了许多重要的概念。他的思想对 20 世纪的西方文化有深远的影响，这包括对那些拒绝弗洛伊德学说的人的思维方式的潜移默化的影响。弗洛伊德的观念已经变得不可避免了。升华作用就是其中之一，而且它确实帮助我们更好地理解了达·芬奇与牛顿的性格。但是，正如弗洛伊德所坦率承认的，精神分析不能解释《蒙娜·丽莎》微笑的秘密。而且我认为，它也无法解释数学思维的秘密。

既然我们的兴趣是数学思维，那为何我要搬出弗洛伊德？喔，是为了让你了解，数学家的大脑中包含有许多东西：定理、引理、对金钱的兴趣，也有"KILL that anti-Semitic matrix"。所有这些以一种模糊的方式共存并相互作用。幸运的是，数学思维可以与其余的东西从逻辑上分离，而这就是我们在本书中正在做的事情。在方法上，这个分离具有一个很大的优点：它独立出一块可以非常深入地进行分析的领域，这比关于精神分析的问题要好处理得多。以一种深入的方式分析数学思维的可能性，使得这个课题具有相当的哲学趣味。但是不要忘了，除了优美的数学思想，在数学家的脑海中，还有更多晦涩的东西在游走。 107

译者注释：

对于对达·芬奇感兴趣的读者，我们推荐以下传记。

[1] 怀特，《列奥那多·达·芬奇：第一个科学家》，阚小宁译，三联书店，2001年（该书有第二个译本《达芬奇：科学第一人》，郭伟强、许琳、王晶译，中国人民大学出版社，2011年）。

[2] 查尔斯·尼科尔，《达·芬奇传》，朱振武、赵永健、刘略昌译，长江文艺出版社，2006年。

20

修补与数学理论的构造

做数学通常是一项孤独的个体事业。而数学作为整体则是一项集体成就。数学家生活在一个由定义、方法和结果构成的数学景观中，而且对这个景观有或多或少的了解。有了这个了解，就产生了新数学，这个创造又进一步或多或少地改变了已经存在的数学景观。这是如何做到的呢？数学创造的策略是什么呢？

有一点是清楚的：你不必费力用形式语言和容许的推导法则来系统地得到 ZFC 公理的所有有效结论。而且你也不必费力从 ZFC 公理出发利用形式语言得到一个定理的最短证明。你总是在一个背景或景观下工作，那里有一些已经证明的现存结果。从原则上说，你可以将你所做的翻译成形式语言，但你更愿意选择一门自然的人类语言，如德语、法语或英语，这能更好地表达你的数学思想的意义和研究目标。涵义！目标！啊，那些危险的词语！此前我们讨论过数学结构与数学思想。这些东西并未包含于公理中，但我们能够将它们与形式数学关联起来。涵义与目标则不同。它们对讨论数学创造的策略也许是重要的，但这些概念——至少在这一点上——完全在数学之外。

然而，我们并不试图一般性地定义涵义与目标，而仅仅在数学工作这个特殊的、可以合理控制的背景下探讨。我们将涵义的讨论留在后面，这里将集中于目标。

可以说，数学家总是以发展数学理论作为其研究目标。有时这是有向导的：研究其他数学家都做了什么。有时它是原创性的。先不说数学家的目标是什么，我将描述数学家实际上在做什么：构造一个理论。正如在第 10 章所描述的，一个数学理论就是一份数学文本。具体地说，它是一段逻辑相关的断言。我们也可以说，一个理论是某些数学思想的逻辑一致的构造。也许这个构造中的某一个定理比其他结果更为重要，那么也就可以说，该工作的主要目标是证明这个定理。

那么，数学工作的目标就是完成一个构造：一个数学理论的构造，也就是数学思想的一个逻辑一致的汇集。当然，数学家希望这个理论有趣。一个理论是有趣的，如果它包含一些未知的结果，最好是那些陈述简洁但证明并不平凡的结果（因为如果从已知的结果出发，其证明必定既不会很长，也不会不显然）。一个理论要有趣，还要能够用来证明一些进一步的结果。评判一个数学工作是否有趣，是以一定的数学景观为背景参考的。在一门学科中，哪些东西被认为有趣，有部分的历史和社会动机。但是，将数学理论的趣味问题归结为一种社会的东西则是一个错误：理论的逻辑结构发挥着一个更基本的作用。在某个给定的数学领域中，通常有许多由前辈遗留下的未证明的猜想，这些猜想构成了有趣课题的一个指引。我将假定，我们看到的那些正在从事研究的数学家对于什么课题有趣味有坚定的看法。（而且我们必须承认，在这方面，某些数学家要比其他人有更好的品味。）

108

在许多预备性的考虑之后我们终于到达了创造性数学的核心问题：如何构造一个有趣的理论？在实践上就是这样一个问题：你如何写出一篇 20 来页的论文发表在《数学年鉴》上以确保你在一个好大学谋得职位？［《数学年鉴》（Annals of Mathematics）是一份优秀刊物，对于论文的接收非常挑剔，它刊登具有广泛趣味的文章。］可以想到的有趣的 20 来页的论文非常多，但那些无趣的、错误的或者毫无涵义的 20 来页的论文要更多。尝试写出一篇有趣的 20 来页的论文，让我遇到了一个类似于前面描述过的走出一个无穷维迷宫的问题。

让我们暂时忘掉 20 来页的数学论文，先来看看一般的具有一定长度的（数学或其他的）符号序列。假定对每一个序列有一个一定量的趣味与之相联，我们想考虑这个问题：一个序列的平均趣味是多少？如何找到具有较大趣味的序列？具有最大趣味的序列是哪一个？物理、工程或经济中的数学引发了这样的问题，通常人们用计算机来处理它。如何开展呢？根据手头的具体问题的不同，存在着多种不同的方法，但我想说要记住两个基本思想：利用随机选择和修补。

我们首先讨论随机选择的使用。要考虑的符号序列的数目通常非常庞大，逐一考察是毫无希望的。因此，为了估计一个序列的平均趣味，我们并不考察所有的序列而仅仅考察一个样本。这就是说，随便抽取 1 000 个或 1 000 000 个序列，来计算这个样本的平均趣味。这就是物理学家称之为蒙特卡洛方法［暗引蒙特卡洛（Monte Carlo）赌场游戏中的随机性（蒙特卡洛方法这个名称的意思是：如果你不能解决某个问题，就拿这个问题去打赌，就是说用一个答案相同的赌博问题去代替它，说不定你打起赌来运气会好些。蒙特卡洛是世界最著名的赌城之一，这也许就是蒙特卡洛方法一名的来由）］的原理。有时可以改进随机抽取样本的方式，但以任何规则来选取样本都是错误的。

找到具有最大趣味的序列通常是毫无希望的，但你可以找到一个具有较大趣味的序列：任意选取一些序列，挑出其中趣味最大的。在许多问题中，可以利用下述特性改进这个方法：与具有较大趣味的序列邻近的序列的趣味通常高于平均值。这就引出了新的策略，在符号序列中，以小的连续步骤随机游走，使之偏向于具有更大趣味的序列[①]。

以增大趣味为偏向的随机游走的思想导出了修补的观念，这是由生物学家雅各布[②]在与生物进化的联系中提出来的。特别地，雅各布考虑了蛋白质的进化。我们现在将转移到这个话题上来。（注意到，110正如生物学的许多其他研究一样，蛋白质的进化的研究根源于雅各布1977年的这篇文章。）一个中等大小的蛋白质要用一个由大约 1 000 个符号组成的序列编码，其中每个符号可以取 4 个值［这 4 个（碱）基分别用 A，T，G，C 表示］。总共大概有 $4^{1\,000} \approx 10^{600}$ 个这样的序列！一个有趣味的序列是（一个给定的物种中的）某个有用的蛋白质的密码。是否要通过检索这 10^{600} 个序列来找出一个新的有趣味的序列呢？否，我们通过修补已经存在的序列来找。对于许多蛋白质序列，其进化历史可以追溯到 1 亿年或 2 亿年（在那之前仅存在化学进化和早期自我复制体系，但目前尚无法研究）。一些蛋白质已经被研究，具有相同的祖先序列，由此它们通过局部突变而进化。这就是上

---

① 这个偏向有多大可以用温度来描述：大偏向＝低温度。这里的标准图景是找出能量的最小而不是最大的趣味。高温对应着一个跳跃很大的随机游走，对降低能量影响很小。当利用计算机时，一个称之为模拟退火的好策略开始于一个高温（无所阻挡地访问许多区域并稳定于一个宽泛的低能区域）。于是温度逐步降低（改善低能值的选择）。

② F. Jacob, "Evolution and tinkering", *Science*, **196** (1977), 1161—1166. 雅各布 (Fran Jacob, 1920—2013)，法国生物学家，以在细菌的受控活动上的开创性工作著称。

述策略的一个例子，在符号序列中随机游走（每走一步修改一处），并偏向于趣味更大的序列。在同一个给定的属的蛋白质具有相同的形状，也可能出现在不同的物种中，也许同一属的几种不同蛋白质会出现在同一物种中。同一属的两种蛋白质其目标也许相关也许不相关。所发生的是，（作为基因复制的结果）为某种蛋白质编码的序列也许对其他目标来说也是可以的。进化也许会迫使某些复制的基因由于无用而被删除，也许会迫使某些通过突变所形成的一种新的蛋白质的编码的基因开始新的生命。这就是说，从一个旧的蛋白质经过修补得到了新的有用的蛋白质。蛋白质进化的修补不仅仅靠已存序列的局部改变。有时两种蛋白质的基因编码通过联合而形成一个新的蛋白质编码。如果如此得到的镶嵌蛋白质会有用，那么这将是一种新类型的蛋白质，其形状不同于双亲蛋白质。

雅各布将生物进化描述成基因的修补过程。这个过程可以从已存在的蛋白质产生新的有用蛋白质，或者可以让某一物种有一只翅膀就有一条腿，有下巴就有耳朵等。生物进化中的修补过程可以称为无知的，但是它不同寻常得成功。人类发明家无法设计出像蚊子或人脑这样神奇的进化产物。然而，注意到，人类发明家可以避开进化中一些看起来很愚蠢的事情（如进食的食道与呼吸的呼吸道交汇）③。

［由坎托罗维奇（A. Kantorovich）④ 所发展的］一个自然的想法是，在生物进化之外，修补在科学发现中也起着重要作用。特别地，

---

③ 当然，进化可以做所有种类的不同事情。我认为它有可能产生了6条腿而不是4条腿的脊椎动物，这样的话有一双腿可以比较自由地进化为翅膀或手。如此一来，许多熟知的想象的造物就可能真的存在：飞龙（4条腿和2只翅膀）、肯陶洛斯（人面马身的怪物，4条腿和2只手）、天使（2条腿、2只手、2只翅膀）。见 D. Ruelle, "Here be no dragons", *Nature*, **411** (2001), 27.

④ Aharon Kantorovich, *Scientific Discovery, Logic and Tinkering*, State University of New York Press, Albany, 1993.

对构造数学理论来说就是如此：人们尝试着随机改变一些存在着的概念，希望找到一些有趣味的东西。或者他可能将知道的事实以不同的方式放在一起，直到得到一个有价值的结果。这就是思想的组合，也许是无意识的，正如庞加莱和阿达马曾为我们所描述的那样。

当然随机组合思想仅仅是故事的一部分。在某个数学领域工作的数学家对在该领域起着重要作用的结构具有坚定的思想，因此他会部分地基于这个结构的思想来非常系统地前进。换言之，对于一个工作的数学家来说，数学是一门充满涵义的学科，其涵义需要发现，它并不显然但确实存在。现在我们必须要面对一个更严肃的问题：对数学中的涵义一词我们能给出什么解释？ 112

21

数学创造的策略

如果你在上大学，你也许曾去过数学系的图书馆。如果并非如此，那么我建议你去参观一下。你将看到，那里有供学生或工作人员使用的书桌、电脑网口、书架，更多的是排满了成捆的数学过刊的书架，以及陈列着的一些近期刊物。挑出《数学年鉴》《数学创造》（*Inventiones Mathematicae*）或其他杂志中的任意一本近刊，稍微浏览一遍你就会看到或长或短的论文讨论关于各种令人费解的问题。每一篇论文从标题、作者的姓名与工作单位以及摘要（一个简短的概括）开始，接下来是主要内容，包括定理、证明等，而在文章的末尾则列出了一些其他作者的论文作为参考文献。你手头的刊物经常会有一些短文，标题中含有类似于 *errata*，*addenda* 或 *corrigenda* 的拉丁单词。这些更正是由从前已经发表论文的作者写的，旨在承认他们的论文中有些地方并不完全正确并尝试修正它。有时正如某个同事"友好"指出的，只需要补充一些参考文献。但更为常见的是，同事友好地指出了证明中的一个实际错误。于是有时作者不得不承认他们的

"主要定理"仍然未被证明，或许他们会提出一个稍微弱一些的、没有那么有趣的结果。然而，这个光荣的辩护并不是典型的情况。大多数时候作者会感激同事对他们文中的引理给出了一个反例，但接着又指出文章的主要结果可以从一个较弱的引理得到，而这个引理的正确性是毫无疑问的。

为什么常常会在论文中发现错误，而错误又可以比较容易地被修正呢？答案是，一篇论文的结果并不是按照得到它的方式呈现出来的。论文是用于描述作者构造的一个（或一部分）数学理论。作者的构造包括猜测各种各样的数学思想及其相互关系。这些思想通常是不确定的（有时是很显然地出现，但之后必须要检验，有时应该是对的——通过与已知事实类比——但绝对需要证明）。因此，构造数学理论是在猜测中编织一个思想的网，然后逐步拉紧和修改这个网使之无懈可击。在此之前，你不可能得到一个理论。事实上，通常在一开始你并不确信能够按照原先计划的那样完成你的构造（否则这个理论将没有意思）。很明显，在你的构造工作中，你应该将精力集中在你的论证中比较不确定的那些链接上。这是你的理论最可能坍塌的地方，如果预先知道这一点就能节省时间。容易和安全的步骤通常留在后面，而且往往在最后的文稿中用一句不屑一顾的"显然有……"或"众所周知有……"一笔带过。在确保构成你的理论的思想网络稳妥以后，你还必须写下来，选择好表述的次序、术语和记号，并希望填充最终的细节时不会出现糟糕的意外。在撰写论文终稿时，次要一点的考虑也发挥着重大的作用：将你的工作与其他数学家的工作联系起来，陈述一些比实际需要更一般的结果，使之具有独立的趣味。一个优秀的数学家，如果在精心阐述理论的首要工作上花费了许多时间，那么他在构成终稿的次要阐述上也许会随意一些。正是这个随意的态

113

度（我想将这个该死的文章写完并发表，然后忘了它）将导致许多错误，而通常这些错误都能被修正而不破坏文章的主要结果。也许我们可以说，优秀的数学家在花了许多时间开发了一小片数学风景后，写一篇论文只是描述这片风景中的一条通道。如果这条通道包含一段被禁止的捷径，那么很可能会发现别的殊途同归的路径。

我们已然赞同构造一个数学理论是数学工作的核心。让我试着来概述此种构造策略的一些原理。我的观点必然是非正式的。记住，我们知道的这些原理并不等于那些可以输入计算机的程序。

第一个原理是计划。数学理论的构造从一个计划开始，要有一个由一些或多或少不确定的思想构成的网，这个网在以后可以被大幅度地修改。在第 20 章我们曾用局部突变讨论了蛋白质的进化，我们称之为一个有效但无知的修补过程。相对而言，计划数学理论的构造，可以称为一个智能的过程。这么说就区分了有计划的构造与修补的不同，并且给出了一个名称与其通常用法的不同。（你可以应用形容词智能的而不必纠结于如何定义名词智能的形而上学的一般问题。但要明白，这样的话这个词的这一用法就毫无解释的价值。）

当然我们需要解释如何计划一个数学理论的构造，即如何建立起数学思想的一个逻辑一致的网。这里我将讨论一些一般的原则：利用已知事实和结构的思想，利用类比。最后我将对直觉做些评论。

利用已知的数学事实包括以某种简单而显然的方式应用已知的定理。例如，如果你想确定满足条件 $z^2-3z+1=0$ 的复数 z，代数基本定理告诉你存在两个这样的复数，而一个熟知的公式（曾记否？也许可以说，这是中学最有用的一个公式）给出这两个数分别为 $(3\pm\sqrt{5})/2$（皆为实数）。有时应用已知的定理和公式困难而曲折，有时需要应用计算机[1]。某些问题（如代数表达式的化简）需要反复地修改，因此可以用计算机编程来做，并得到极不平凡的结果。让我在此处引用关于计算机 Mathematica 软件包的一些评论：

> 变换规则是一个非常一般的概念。事实上，你可以将整个 Mathematica 简单地视为一个将一些变换规则应用于各种不同表达式的系统。
>
> Mathematica 遵循的一般原理很容易陈述。它从你输入的任意一个表达式开始，应用一连串的变换规则得到结果，直到它知道不再有可以应用的变换规则为止。

利用结构的思想弥漫在当代数学中。举一个简单的例子，假设你遇到了一个集合 S，对于其中任意两个元素 $a, b \in S$，存在着另一个元素 $a \times b \in S$ 与之对应。那么你必须要问这个运算 $\times$ 是否是可结合的 [即是否满足结合律 $a \times (b \times c) = (a \times b) \times c$] 以及 S 在这个运算之下是否构成一个群。如果 S 不是群，我们能否以某种方式将它扩充成一个群？（我要不加多说地指出，引进群结构的强烈意愿导致了一个称为 K-理论的重要研究领域的诞生，这个理论在格罗滕迪克的原创性思想之后被一些数学家发展起来。）为返回早先的一个讨论，我要重申数学结构是一项人类创造。而在某些情况下（如测度论）数学家对自然的结构是什么并没有一致的看法。但对结构的考虑（包括范畴和函子的应用）是当代数学的许多分支的重要特征。在其他领域，对结

---

① 例如，D. Zeilberger 设计了一个计算机程序（Maple）来证明涉及超几何函数的等式 ["A fast algorithm for proving terminating hypergeometric identities", *Discrete Math.* **80** (1990), 207—211]。

构的考虑看起来并没有起到如此显著的作用。然而，对某些结构的喜爱经常呈现在某些数学家的头脑中，即使没有明确地显现出来。对数学的结构性的观点可以认为是一种观念上的偏见，但这个偏见曾经非常富有成果，而且你可以说它抓住了数学研究与数学实在中的很大一部分难以理解的对象。

类比是数学研究的一个强大工具，特别是在一个理论的计划阶段。与利用已知事实和结构的思想不同，类比并非一个稳妥的引导。在这里，从在某种情形下成立的某个事实出发，在另一个你认为类似的情形下，你猜测某个相关的结论也成立。例如，知道了求两个整数的最大公因子的辗转相除法（欧几里得算法），你可以猜测对多项式也有类似的算法。这种猜测的工作需要对数学有很好的了解，并能很好地感觉出哪些是相似的，哪些不是相似的。类比的一个突出优点是，它可以让你的数学构造起航。但是并没有保证让这个类比一帆风顺。利用类比不是一个完全合乎逻辑的过程，这会让某些数学家欢喜，也会让某些数学家烦恼。后者将期望理解两个理论为何相似，也许就发现了一个包含这两个理论作为特殊情形的更一般的理论。

那么数学直觉呢？当我们学习一个数学课题时，我们可以逐渐培养直觉。我们将许多可以很容易得到，甚至可以无意识地得到的事实储存在记忆中。因为我们的数学思维有一部分是潜意识而且非文字的，所以说我们凭直觉前进是合适的。这意味着数学的思考过程很难分析。但据我看来，这并不意味着关于数学直觉存在任何异常的东西。

谈到异常，引发我提出一个令人惊讶的事实：数学家比许多科学家更加具有宗教信仰。事实上，相信上帝与来世的数学家的比例是物理学家的两倍②。我认为，这在统计上表明，就与现实的关系而言，数学家不同于物理学家。（或许我应该亮出自己的立场：我没有宗教信仰，属于自由派。我对宗教狂热者与反宗教狂热者同等地害怕。）

也许是时候来简单聊一聊数学中的意义了。我们已经看到，呈现在一篇专业论文中的数学理论有别于作者头脑中最初形成的构造。直觉的想法与非文字的观念必须装扮表达成专业术语。这就暗示着，隐藏在刊印出的公式和术语背后的某些地方，存在着数学的真正含义，而且它不是形式上的本质。事实上，在演讲（它没有论文那么正式）中，演讲者会经常解释一个定理的"真实意义"。那么为什么不扔掉这个用于发表数学的呆板的形式语言并解释所做的工作的真实意义呢？为理解这一点，请记住，数学乃是一种知识而不是一种观点。之所以如此，是因为自希腊人开始，数学就有了一套稳固的公理基础和推导法则。有了这个基础，理论才得以发展起来。有了理论，直觉又进一步跑在了理论的前面，识别出类似之处并提出猜想。新的结果引 117
出新的直觉，最终导致了理论的逻辑结构及其公理与定义的变化。但是，数学的直觉含义根源于其形式体系。如果我们抛弃这个形式体系而只保留直觉含义，那么数学将变成一堆观点而非一门知识，其进展也就会立即止步不前。 118

---

② 见拉森（E. J. Larson）与威瑟姆（L. Witham）的通讯"Leading scientists still reject God"，*Nature* 394（1998），313. 这显示了美国国家科学院成员中宗教信徒的低比例（数学家是14.3%，物理学家是7.5%）。互联网上提供的对其他群体的结果显示出，宗教信徒在数学家中的比例比起在物理学家中的比例仍然高出1倍。

数学物理与突现行为

伽利略①曾说，大自然这本书是用数学的语言写成的。至少可以说，自伽利略开始，物理领域的学生都在致力于将大自然这本书翻译成数学。因此在某种意义上，物理学家也是数学家。但有些物理学家只用很少的数学。另外一些自称为数学物理学家的物理学家，在研究大自然这本书时应用了非平凡的数学。毫无疑问，牛顿是一个数学物理学家。爱因斯坦也自称是一个数学物理学家。后来在20世纪中叶

---

① 伽利略（Galileo Galilei，1564—1642），意大利数学家、天文学家、物理学家，是现代科学的创始人之一。他的自由思想使他陷入了与当时的罗马天主教的麻烦。如果伽利略活在今天，我们揣测一下他将陷入与什么样的权威的麻烦将是很有趣的。伽利略坚持认为，哲学应该在大自然所写的世界的书本中研究，而不是希腊哲学家亚里士多德（Aristotle，公元前384—前322）的课本。伽利略在《分析者》（1623年）中有一段著名的话："科学的真理不应在古代圣人的蒙着灰尘的书上去找，而应该在实验中和以实验为基础的理论中去找。真正的哲学是写在那本经常在我们眼前打开着的最伟大的书里面的。这本书就是宇宙，就是自然本身，人们必须去读它。（自然科学哲理写在宇宙这部巨著中，永远值得细读。然而，一个不熟悉其语言的人是无法读懂的。这语言即是数学，它的文字是三角形、圆和其他几何图形。如果没有它们，人类将无法理解书中任何一个词；没有它们，你就如同徘徊在黑暗的迷宫中。）"

有一段时期，许多物理学家，包括费恩曼②在内，都不想与数学发生任何关系。但费恩曼其实对经典数学有很好的了解，而他所引进的费恩曼积分是对观念数学的一个重要贡献。然而，其他物理学家对数学的了解程度常常"退化到只认得拉丁字母与希腊字母的水平上"③。20世纪末，随着弦论的兴起，数学大规模地回到了物理学中，这导致了纯数学的重要进展，但至今为止，这些数学进展与自然之书的联系还很有限。目前，以数学物理为课题的一些论文的作者都没有受过多少物理学教育，因此他们的贡献也常常受到科学上的质疑。不怕过度重复，我还是要强调：物理学的目标不是证明"非平凡的物理定理"，而是理解自然之书。为了达到这个目标，可以利用一切有效的方法，也包括发展新的数学理论。

上述评论没有任何想要引起争辩的意图：读到这一章的科学同仁将了解到情况的复杂性，而且对这个学科都有他们自己的看法。而对其他读者，请注意到，对不同的人，"数学物理"有不同的含义。对我而言，数学物理具有数学中的任何领域都不具备的特征：大自然牵着研究者前行，为不能借助自然之力的纯数学家展示从未见过的数学风景。但是许多细节仍然隐蔽，我们的任务正是将它们揭示出来。我发现这个任务有一个方面特别吸引人：对物理系统的突现现象赋予数学含义。稍后我将解释这一点。

物理学史中最为突出的是一些基本定律的发现——由牛顿和爱因

---

② 费恩曼（Richard Feynman, 1918—1988），美国理论物理学家，在量子力学的许多方面重新完成了深刻的工作。

③ 这里瑞士数学物理学家乔斯特（Res Jost, 1918- 1990）写道："在20世纪30年代，在量子论摄动理论的令人泄气的影响下，理论物理学家的数学要求居然退化到只识得拉丁字母与希腊字母的水平上。"（引自 R. F. Streater and A. S. Wightman, *PCT*, *spin and statistics*, *and all that*, W. A. Beijamin, New York, 1964.）（事实上，乔斯特是作者吕埃勒的导师，见下一章注释①。——译者注）

斯坦发现的经典力学定律与引力定律，由海森伯和薛定谔④发现的量子力学定律。从原则上说，利用这些基本定律可以理解几乎一切所观察到的物理现象。当前的很大一部分研究正致力于得到一个"万物之理"，这个"万物之理"在原则上可以解释一切可观察到的物理现象。当我们得到这样一个理论时，将有可能计算每一个物理量，尽管也许很难而且不够精确。那时看来，物理学的最有趣的部分完结了，剩下的"只是计算了"。但并非如此，因为物理学中还有许多重要的概念性的问题，远在基本定律的发现之外。事实上，这个情形与数学中的诸多分支完全一样。例如，除了算术的基本定理之外，还有许多重要的概念性问题。素数是否有无穷多个？它们的分布是否遵从素数定理？如此等等。

现在来想一想如何理解水的性质，假定你知道水分子的力学基本定律。比方说，你可能想理解相变：为什么温度改变时，水会突然凝结成冰或蒸发成水蒸气？你想计算出水的黏度（对形变的反抗程度），也想理解湍流。（你可以在浴缸中轻松地制造湍流，但这对你理解它是帮助不大的。）刚才提到的这些性质都是突现性质。它们不是一个水分子或 10 个水分子的性质——它们出现在趋于无限的多个分子中。没错，在试验中你总是利用有限的水，但是 1 升的水中所含的水分子是一个天文数字，因此这些有趣的性质（在一阶近似下）可以认为是一个无限系统的性质。

这可能驱使我深入关于相变（平衡态统计力学）、黏度（非平衡态统计力学）或湍流的细节。这些课题事实上是我的专业兴趣所在。

---

④ 现代量子力学的数学表述溯源于 1925 年德国物理学家海森伯（Werner Heisenberg, 1901—1976），1926 年奥地利物理学家薛定谔（Erwin Schrödinger, 1887—1961）给出了一个不同的形式（分别称为矩阵力学和波动力学，前者较代数化，后者较几何化）。

然而所涉及的技术细节令人生畏而且将使我们远离这一章的目标：在多粒子体系的突现性质的研究中，讨论数学与数学物理之间的关系。我想以我所认为的关于数学物理的三个重要评论展开。

第一个重要评论是，自然给我们数学指引。在水的例子中，提示是通过考虑无限多个水分子来考虑诸如相变或黏度之类的东西。但是自然并没有告诉我们一切，它需要玻尔兹曼和吉布斯⑤的天才以及许多进一步的工作，才能理解包括相变在内的一些问题何以能够在平衡态统计力学的框架下进行分析。比起研究黏度所需的非平衡态统计力学，这个理论要简单得多。非平衡态统计力学要求你研究无穷多个分子所构成的系统的时间演化。正如我们将要看到的，这个力学方向不在平衡态统计力学中，因为平衡态统计力学不含时间变量。

第二个重要评论是，数学物理考虑的是理想系统。我们知道，水分子由氧核、氢核和围绕着的电子构成，而且核也具有一个复合结构。我们有很好的理由相信，这些复杂性对我们理解前面提到的凝结和蒸发并不重要。一个合理的方法（事实上，是唯一可行的方法）是研究一个理想系统。简单一些的模型可以更加容易更加细致地分析，而且它们在数学上可能更有趣。复杂一些的模型或许更接近于物理实在，因此更加接近于物理学家的心灵。

第三个重要评论是，自然也许会提示一个定理但并不会明确陈述在何种条件下成立。这是对第一个评论的补充，而且稍后我们在讨论平衡态统计力学时会看到一个例子。

平衡态统计力学是一个突现理论。它利用已出现在（经典或量子）力学中的一些概念（例如能量）和其他一些新的概念（例如平衡

121

---

⑤ 奥地利物理学家玻尔兹曼（Ludwig Boltzmann, 1844—1906）与美国物理学家吉布斯（J. Willard Gibbs, 1839—1903）为建立统计力学的概念基础发挥了关键的作用。

态和温度）。我需要说明，物质的某些状态被物理学家识别为特殊的并称为平衡态⑥；一个例子是在某个特定的容器 V 和某个特定的温度 $T>0$ 下的 $1\,kg$ 水。这些水由 N 个（对应于 $1\,kg$ 的）分子构成，每个分子的位置与速度各不相同。（此处我们选择一个经典而非量子描述。）经典的平衡态统计力学描述了 N 个粒子占据给定位置并具有给定速度的概率。水分子 H_2O 也许在空间有不同的指向，但因为这在讨论中是一个不必要的复杂性，因此我们将水替换为氩。氩原子 Ar 是单原子，可以认为是球面对称的，因此其位置由其中心的坐标 $\boldsymbol{x}=(x^1,x^2,x^3)$ 给出。（现在我将给出一些公式，对某些读者来说它们可以澄清这一课题；如果对你而言没有意义，只需大致扫过。）代替速度 $\boldsymbol{v}$，通常我们考虑动量 $\boldsymbol{p}=m\boldsymbol{v}=(p^1,p^2,p^3)$，其中 m 是原子的质量。在容器 V 中 N 个相互作用的原子的能量是原子（在容器 V 中的）N 个位置及其动量的一个函数

$$E(\boldsymbol{x}_1,\cdots,\boldsymbol{x}_N,\boldsymbol{p}_1,\cdots,\boldsymbol{p}_N).$$

经典的平衡态统计力学给出了位置的每个坐标在（无穷小）区间 $(x^i_j,x^i_j+\mathrm{d}x^i_j)$ 且动量的每个分量在区间 $(p^i_j,p^i_j+\mathrm{d}p^i_j)$ 内的概率，这个概率是

$$Ce^{-E(\boldsymbol{x}_1,\cdots,\boldsymbol{x}_N,\boldsymbol{p}_1,\cdots,\boldsymbol{p}_N)/kT}\prod_{i=1}^{3}\prod_{j=1}^{N}\mathrm{d}x^i_j\,\mathrm{d}p^i_j,$$

其中 T 是绝对温度，k 是一个普适常数（玻尔兹曼常数），常数 C 待定以确保上述积分对 $\boldsymbol{x}_1,\cdots,\boldsymbol{x}_N$ 在容器 V 中且 $\boldsymbol{p}_1,\cdots,\boldsymbol{p}_N$ 在 $\mathbf{R}^3$ 中的值等于1。

为简单起见，我考虑了经典而非量子系统，并遵循玻尔兹曼和吉

---

⑥ 注意，物理总是包含一个本质的非数学成分：对于用数学来描述的自然界的"物"，必须先用物理操作予以识别。例如，为了得到水的一个平衡态，你必须让水止息一段时间，检验水不再运动，并利用温度计检验其温度不随时间地点而改变等。

布斯，给出了某个概率测度以描述由 N 个粒子构成的系统的平衡态。（这个概率测度在专业中以一个奇怪的名字则系综所著称。）我们忽略了 N 个粒子的时间演化。（玻尔兹曼、吉布斯等人的）一个想法是，对一个与时间无关的大系统的一类态（所谓的平衡态），存在着突现行为。判断平衡态的突现行为是最有意思的一个问题，但如果你愿意也可以忽略；它并非平衡态统计力学所考虑的问题。

平衡态统计力学的建立者感兴趣的是大系统——那些具有一个非常典型的广延性质的系统——的极限。事实上，大自然告诉你，如果在给定的温度下，将分子数与容器的体积（其形状并不太重要）都加倍，那么平衡态的能量也应当加倍。（更准确地，应该说平衡态中的平均能量，而且是不计微小误差下的加倍。）大自然告诉你，对一个处于平衡的大系统，有所谓的强度量（如温度、压强等）与广延量（如粒子数、体积、总能量等），你可以将广延量的值加倍而保持强度量的值不变（不计微小误差）。很明显，应该有一个定理为这个广延或热力学性质提供依据，但大自然并没有告诉你这个定理在什么条件下成立。（大自然指引的模糊性，是我们的第三个重要评论。）例如，星云是否表现出热力学性质？否！天文学家所观测到的球状星云不是平衡态：它们在缓慢地收缩或膨胀。事实上，星体之间的引力作用并不导致热力学行为。

我刚才概述了突现行为（这里是热力学行为）的一个例子，其中大自然提示了一个数学理论但将细节留给了数学物理学家去填充。就像在非平衡态统计力学或流体力学中所见到的，对其他突现行为的研究更具有挑战性。

从纯数学的观点来看，由数学物理的研究所揭示的新的数学结构也是很有趣的，这些新的数学结构甚至可以应用于与物理无关的领域。我将给出这样一个例子，捎带一些或许会令某些读者感到一丝痛苦的专业描述，读者只要迅速浏览即可。正如在第 17 章所说的那样，即便不能理解歌曲的内容，你也仍然可以欣赏曲调与唱歌的方式。我想讨论格点上的自旋系统的平衡态统计力学。我们考虑一个带有 N 个自旋 σ_i，$\cdots$，σ_N 的有限大小的盒子（此处画成一个二维格点）：

$$+ + - + -$$
$$+ - - + -$$
$$- + + + +$$
$$- + - - +$$
$$- - + - -$$

盒子中的每个自旋可以取值 $+1$ 或 -1（标记为 $+$ 或 $-$），并给定某个能量函数 $E(\sigma_1, \cdots, \sigma_N)$。于是，在温度为 T 时，一个自旋构型 σ 具有概率

$$p_{\sigma_1 \cdots \sigma_N} = Ce^{-E(\sigma_1, \cdots, \sigma_N)/kT},$$

其中 C 是一个调适常数，使得所有 2^N 个概率 $p_{\sigma_1} \cdots \sigma_N$ 之和等于 1。为观察到热力学性质，我们需要引入所谓的相互作用，它将允许计算出任意大的盒子的能量函数（以关于格点平移不变的方式），并对一个无限维盒子取极限：

$$\cdot \ \cdot \ \cdot \ \cdot \ \cdot \ \cdot \ \cdot$$
$$\cdot + + - + - \cdot$$
$$\cdot + - - + - \cdot$$
$$\cdot - + + + + \cdot$$
$$\cdot - + - - + \cdot$$
$$\cdot - - + - - \cdot$$
$$\cdot \ \cdot \ \cdot \ \cdot \ \cdot \ \cdot \ \cdot$$

124

这就允许我们利用极限对一个具有无限多个自旋的格点系统定义一个概率分布，即所谓的吉布斯态。格点上的自旋系统的吉布斯态具有一个丰富的数学理论，由杜布鲁申⑦、兰佛德和我首先提出，之后有其他许多人研究，包括西奈⑧。我特别考虑了一维系统：

$$\cdots+-++++--\cdots$$

并且证明了对这样的系统仅存在唯一的吉布斯态，并且它极好地（在实解析的意义下）依赖于相互作用。这也并不是非常令人惊讶：物理上认为（在适当的技术假设下）一维系统不会出现相变。

吉布斯态的故事在这里从数学物理突然发生了转向：西奈对阿诺索夫微分同胚证明了符号动力系统的存在性。这就是说，一个适当的微分流形 M 上的点可以用一个对应于某个一维自旋系统的序列

$$\cdots+-++++--\cdots$$

编码，使得 M 在一类称为阿诺索夫微分同胚［阿诺索夫（Dmitri V. Anosov，1936—2014）俄国数学家，以微分动力系统的工作著称］的可微映射的作用下，对应的一维自旋系统的操作相当于将所给的序列向左平移一个位置。于是，西奈（与其他人，特别是鲍恩⑨）可以在

---

⑦ 杜布鲁申（Roland L. Dobrushin，1929—1995），俄国杰出的概率论专家，他对平衡态统计力学也有兴趣并在这一领域中得到了许多深刻的结果。

⑧ 西奈（Yakov G. Sinai，1935—　），俄国数学家，对动力系统的遍历理论和统计力学做出了基本性的贡献。

⑨ 鲍恩（Robert E. Bowen，1947—1978），美国数学家，对光滑动力系统做出了重要贡献。他又以别名 Rufus Bowen 为人熟知。（他告诉我他之所以选择 Rufus 作为名字是因为他不喜欢被人称作 Bob。）他是一个焦虑天才的反面：当他用节奏缓慢、语气平静的声音讲述数学时，你忘却了其他所有一切，除了他所描述的问题，而且是绝对得清晰。当他意外死于脑溢血时，他是同龄人中最优秀的数学家之一。［鲍恩有一位杰出的华裔高足，即女数学家杨丽笙（Lai-Sang Young）。——译者注］

流形上展开吉布斯态的研究。这个想法取得了相当的数学进展[10]，而且物理从纯数学的回报中展开了对混沌[11]的研究。将一个分析的工具（吉布斯态）引入几何问题（微分同胚）中具有重大的价值。注意到，原则上不需要平衡态统计力学就可以证明符号动力系统的存在性，但事实上西奈曾在统计力学领域工作而且受到了其引导。

　　上述干瘪的总结无法表达出我参与发展了一个伟大的数学思想的非比寻常的经历，这个数学思想始于数学物理的一个背景，最终以混沌理论返回到物理。这也是我最大的荣幸，我所直接联系的那些同仁不仅是头脑聪颖而且心地善良。事实上，曾经有很长一段时期（1970年前后的几年），当物理和数学边缘的新领域打开时，我与俄国数学家杜布鲁申、西奈，美国数学家兰佛德、鲍恩慷慨地交流思想。

---

　　[10]　此处提到的一些思想在下面的专业书籍中有讨论：R. Bowen, *Equilibrium States and the Ergodic Theory of Anosov Diffeomorphisms*, Lecture Notes in Math. **470**, Springer, Berlin, 1975；D. Ruelle, *Thermodynamic Formalism: The Mathematical Structures of Classical Equilibrium Statistical Mechanics*, Addison-Wesley, Reading, MA, 1978；W. Parry and M. Pollicott, *Zeta Functions and the Periodic Orbit Structure of Hyperbolic Dynamics*, Soc. Math. de France, Astérisque **187-188**, Paris, 1990.
　　[11]　例如，见我的通俗著作《机遇与混沌》，普林斯顿大学出版社，1991年。（有中译本，刘式达、梁爽、李滇林译，上海科技教育出版社，2005年。此外，还可以参考丁玖新著的《智者的困惑：混沌分形漫谈》，高等教育出版社，2013年。——译者注）

23

数学之美妙

我们许多人在大自然的无机或有机艺术品中能够发现美：如一块石英水晶、一朵花，或一只蝴蝶。我们也能在人造物中发现美，比如一件造型完美的陶器。而有一些人则在数学中也发现了美。

我们对美的体会属于人性，这也就是我们之所以能够在完美的人体或音色或人造的陶器中发现美的原因所在。与美通常联系着的完美、纯粹、简单的感觉，也使我们远离人类的痛苦，这些感觉也许来自水晶、鲜花、诸神或上帝。我们寻找一些在我们普通人类、生物、物理世界之外的东西。在这个不确定的世界之外真的有什么东西吗？确实有：数学，不仅仅只有观点，还有知识。

如果我打算谈论数学的由逻辑所主宰的美妙，那么为何我要提到物理、生物或神学的不确定性呢？简单地说，是因为我们对美妙的体会并非由严格的逻辑所掌控。我们对美的体会也可能引发我们对不人道的逻辑的渴望。然而，对美的体会仍然是非常有人性的，但不是特别有逻辑性。在这方面我简单地提一下，音乐的优美是基于对应于音频之间的成简单有理比的音程。但这些有理比以一种我们可以接受的方式在辨音系统中混合主要是因为，我们区分不同音频的能力很有限。从算术的观点来看，我们的辨音系统是畸形的：在对音乐美的需求中，我们将舒适放在了逻辑的前面。

我们无止境地热爱数学，因为它是那么完美、纯粹，被如此的数学所吸引是人类渴望完美、纯粹事物的天性使然。或许正是因此，许多数学家都选择了某种宗教信仰。热衷于数学可以逃避人类社会的许多矛盾，这点需要我们有所觉悟。许多人被如空中楼阁般缥缈的数学所吸引的原因在于，其绝对性的真理与人性思想中的不确定性、相对性针锋相对。只有在数学中我们才可以检验一个命题是否正确，不论其证明多么长，都能通过验证其证明的每一个细节而绝对肯定其结论。数学是原则上不需要应用人类的自然语言的唯一一项人类活动。只有在这里，我们的物理、生物、心理环境都涉及不到。

在做数学的各种不同动机中，应该提到的有，对成为最好、第一的渴望，对成为重要科学家的向往，想赢得百万大奖等。我不打算在这些方面喋喋不休，因为这些动机实非数学家所特有的。对许多数学家来说，重要的是，他们感觉自己是一个特别选出的群体中的一分子，他们可以共享一个公共的智力宝藏。这一点同样也适用于其他一些群体。但数学群体在某些方面更特别：大家对哪些人属于这个群体有一致的看法①，这个群体非常国际化，成员之间交流频繁，规模相

---

① 也许有读者要问，什么样的水平就可以算数学家了？其实没有成文的标准，也没有论资排辈的潜规则，甚至与学历文凭无关。可以举一个自学成才的大数学家的例子，他就是 20 世纪的印度数学家拉马努金（S. Ramanujan），参见蔡天新《数学传奇》"拉曼纽扬：一个未成年的天才"一文。

对较小（几千个富有创造性的数学家），最重要的一点是，其成员很特殊：他们致力于将智力成果推向极限。

数学是有用的。它是物理学的语言，而且数学的某些方面在所有的科学及其应用中都很重要，在金融中也是如此。然而我个人的经历是，优秀的数学家很少是由这种高度的责任感驱动的，而为了达到这样的成就必将驱使他们做一些有用的工作。事实上，甚至有一些数学家②首先考虑的是，他们的工作应该完全无用。（当然，他们是不对的：传统上认为优美而无用的数论，在具有重要的金融和军事背景的密码学中找到了应用。）关于数学对物理和其他科学的应用，在许多情况下我首先想到的是共生。这个共生是一个很有哲学趣味的话题，但通常未将数学考虑在内，在前一章我曾将自己限制于数学物理的情形做出了一个简短的讨论。

在与数学相关的许多事物中，教学是非常重要的，而且与许多数学家息息相关。事实上，即便对你而言重要的是应该保持数学的无用性，你也想要与人分享数学的美妙。教学可以有课堂授课的方式、讨论班报告、非正式的讨论等诸多形式。数学曾在一连串的地方讲授和讨论，并因此而生存和繁荣：从古代的亚历山大城③到19世纪、20世纪的巴黎、哥廷根④、普林斯顿以及其他许多时代和地 128

---

② 一个典型的代表是发现了拉马努金的英国数学家哈代，他在《一个数学家的辩白》中表达过这种观点。——译者注

③ 亚历山大城是埃及在地中海岸的一个港口，也称亚历山大港，那里有人类早期历史上最伟大的图书馆，该图书馆约建于公元前259年（老子、孔子等诸子百家时期），由于藏书丰富，许多圣贤，如欧几里得、阿基米德、阿波罗尼斯（Apollonius，约公元前262—前190），曾在此或讲学或求学，使图书馆享有"世界上最好的学校"的美名，并在整个地中海世界传播文明长达200～800年，直至遭遇了两场大火而消失。——译者注

④ 德国哥廷根的传统由19世纪最伟大的数学家高斯（Carolus Fridericus Gauss，1777—1855）、狄利克雷（P. G. L. Dirichlet）和黎曼所奠定，并为克莱因和希尔伯特延续至20世纪。除了以上数学家之外，哥廷根大学还有许多有名的数学家，见王涛，《哥廷根数学的人和事》，《数学文化》第4卷（2013年）第3期，3—9页。——译者注

方。我个人最幸运的是，在数学存在和创造的鼎盛时期，曾在几个不同的地方待过⑤，这是一段难忘的经历。但正如艺术一样，数学的鼎盛时期也难以长久持续。虽然好地方的衰落也许有多种方式，但政治通常发挥着决定性的作用，如国家层次上的独裁统治或私人研究所层次上的权术游戏。

我希望我已经让你信服，对数学美的热爱是数学家做数学和教数学的一个根本原因。然而，也许有人要问："使得数学美妙的又是什么呢？"让我对此给出一个回答：我认为，数学的美妙在于它揭示了该学科要求的严格逻辑框架中同时隐存的简单性和复杂性。

当然，简单性与复杂性之间的相互交融与紧张关系，也是数学之外的所有艺术与美的一个基本元素。事实上，我们在数学中发现的美必定与我们在其他地方看到的人类本性之美有关。我们同时被简单性和复杂性这一对矛盾的观念所吸引，令我们非逻辑的人类本性很受益。但此处值得注意的是，对简单性与复杂性的震惊对数学来说是固有的；它并非人类矛盾。你也可以说这就是数学之所以美妙的原因所在：它自然地融合了我们所渴求的简单性与复杂性。

现在是更加具体的时候了。我从两个优美的例子开始，它们历史悠久而且非常重要，都与毕达哥拉斯定理相关。第一个事实揭示了意

---

⑤ 就动力系统来说，在斯梅尔的伟大的"双曲"时期，我曾在 20 世纪六七十年代造访过伯克利，之后当帕里斯（Jacob Palis）与马勒（Ricardo Mañé）兴起时，我又造访了里约热内卢的国家纯粹数学与应用数学研究所。对数学物理而言，我在 1960 年代追随乔斯特在苏黎世联邦理工学院做过研究，之后又造访过普林斯顿高等研究所，当时杨振宁和戴森都在那里。我从莱波维兹（Joel Lebowitz）先后在叶史瓦大学和罗格斯大学组织的统计力学活动中受益良多。当然在 20 世纪下半叶的几十年里，我一直沉浸于伊维特河畔比尔的 IHÉS 的固定的数学和数学物理活动中。

外的简单性：在勾三股四弦五的三角形中，边长为 5 的边所对的角是直角。这个领先于数学的观察引人注目地指出了事物本质中隐藏的简单性。第二个事实是，边长为 1 的正方形的对角线的长度是无理数：$\sqrt{2}=1.414\,213\,56\cdots$无法写成两个整数的商。这个事实的证明（参见第 15 章）表明，事情比我们所想的要更为复杂，而且它迫使希腊数学家接受了无理数的逻辑必然性。

129

简单性与复杂性相互交融的一个一般例子是，一个简短的数学陈述也许需要一个极长的证明。我们在第 12 章所讨论的哥德尔定理可以作为这方面的一个特别结果。事实上，数学中有许多陈述简短但证明冗长的定理（如费马大定理）。

正如对艺术之美的评判一样，我们对数学之美的评判也赋予了一种流行元素。对许多现代数学家而言，布尔巴基强调了将数学的结构方面作为美的一个元素。但古希腊人的美学观念则不同，他们绝对厌恶狂妄自大。他们对于一个篇幅成千上百页的数学证明会怎么看呢？显然，我们的智力领域与对美的感知在几个世纪里发生了变化。柏拉图、达·芬奇与牛顿对世界有不同的看法，但每一个看法都是统一的，而且人在其中起着中心的作用。当前的科学在努力探索看待世界的统一视角，但在这个视角下，我们人类仅仅作为一个不重要的偶然因素出现。与此同时，甚至要求数学真理比物理现实发挥更为基本的作用。虽然人与数学的相对位置发生了根本性的变化，但两者之间的关系自希腊以来几乎没有发生显著变化。为取得对这一关系（你可以说这一漂亮的关系）的理解，正是本书的目标。

当我们到达旅途终点时，我再多说一句：做数学研究是值得的，因为你可以真正看到数学的美妙。当问题背后的简单性出现时，它无意义的复杂性就可以忘却，那时你就可以感受到数学的美妙。在那时，一个异常的逻辑结构清晰可见，事物本质中隐藏着的意义最后彰显

130　出来⑥。

附录一
与太空来客关于数学的对话

原文标题 "Conversations on mathematics with a visitor from outer space", 译自 *Mathematics: Frontiers and Perspectives* (edited by V. Arnold, M. Atiyah, P. Lax, and B. Mazur, Amer. Math. Soc., 2000) 第 251—259 页。

摘要 虽然试图去想象外星人的数学是什么样的可能是没有收获的, 但我们试着去找出人类数学一些特性可能更合理。这种研究始于冯·诺伊曼的书《计算机与人脑》。我们将讨论在神经科学和在与计算机的比较中所揭示出来的人脑的一些特征, 尤其是缺陷。我们会说明为我们视为理所当然的人类数学的特点, 在一个来自外太空的数学造访者看来则可能是非常奇怪的。

一位外星人朋友曾提供给我一些概略书籍和其他一些基本参考资料的英文版, 诸如《银河系百科全书(简明版)》《银河系数学标准辞典》。我在这只能简要地来说明这是怎么发生的, 但我必须交代的是,在最初的极端热情之后，浏览这些材料让我首先不知所措，随后是彻底地苦恼。所谓的银河系数学看起来似乎是由庞大的计算机程序构成的，运行在相配的（银河级的）计算机上，可以非常有效地处理各种困难的数学问题。正如我的朋友帕拉斯解释的，这样的程序好比一个大的数学函数库，但更容易使用。并且，生成这样一个程序是更有挑战性的，远高于写下一个人类的数学理论。也即是说，如她所言的，就像构造一个大脑而不是写一本书。

我的朋友帕拉斯在 5 月一个美好的早晨乘着她无声的飞船降落在我的花园里，在 3 个月后离去。她高挑靓丽，有着令人信服和愉悦的女性人类的样貌，以至于我常常怀疑她是否真的是天外来客。然而，她告诉我，她的女性伪装只是为了方便起见。我应该理解外星人是无性别的，应该被称为"它"，而不是"他"或"她"。

不管怎么样吧，我们在各种话题上相谈甚欢，从诗歌到宗教，从音乐到科学。使我欣慰的是，我们很快就把银河系数学这个话题撂在了一边，转而讨论人类的数学，帕拉斯正在写她银河系的博士学位论文，其主题就是探讨人类数学。她在这个课题上有最奇怪的想法，但准备得很充分，并且渐渐说服了我。我现在将叙述我们谈话的结果。基本的想法都来自她，而我的贡献主要是通过我的提问将这些内容从她那提取出来并记录下来。

令我最为困惑的是她的第一个声明，即

"……要领会人类的数学，你必须理解，与银河系的古老文明相比，人类的智力有多么奇怪"。

"你怎么能够说出这样的话，"我答道，"而且你有什么权力说人类的头脑比银河系里一个黏糊的章鱼怪物更奇怪？"

"在银河系里你为什么不用你的脑子！想想你的个人电脑多么原

始，然而它在简单的数学问题上——比如确定一个十位数是不是一个平方数——可以完胜你。你可以想象得到，一个古老文明应该能够通过辅助的协同进化、生物工程等修复这种智力缺陷。我不再详述细节了，这可能会引起你极度不安。"

"你的意思是，人类文明也要……？"

"是的，如果人类文明想要幸存下来并化作古老的话。"

在那以后，我们开始点对点地争论，究竟是什么使得人脑如此奇怪。帕拉斯将人类与银河系黏糊的章鱼怪物做了一些比较，但是这些比较对我没什么意义。所以她用我更熟悉的人类的计算机来代替银河系的怪兽。"这些计算机真的是非常愚蠢的东西，"她说，"不过它已经展示了做数学需要的特征，而这些人脑并不具备。"讨论很久以后，我们提出了人脑的四五条特性，虽然在我这方面是非常不情愿的。

一、运行缓慢和高并行性

人脑是一个高度联通的网，拥有 10^{10} 量级的神经细胞。局部特征时间至少 1 ms，神经冲动的传导速度是 $1\sim100$ m/s，所以 0.1 s 的要求是容易达到的。相比之下，你的电脑的处理器拥有用每秒百万指令的速度。计算机的高速允许重复的计算，而每一次循环为下一次循环提供一个更新的输入。大脑的缓慢通过运算的高并行性得到了补偿。并行性发生的一个例子是感觉传导路径到中枢神经系统：它们保存了感受器的空间关系。在视觉系统中这叫作视网膜定位。在一个更高水平上，视觉系统也利用并行来处理视觉信息的不同方面（像颜色、运动等，见参考文献 [3]）。

计算机和人脑都是信息处理系统，功能性需求里蕴含着一些结构类比，如都存在输入、输出、存储器。一个详细的比较显示了两者巨大的不同，这首先由冯·诺伊曼在他的书《计算机与人脑》（见参考文献［5］）中进行了分析。这是他最后一本书。在写这本书时，他自己的大脑正受着癌症的摧残。

二、糟糕的记忆

就像你的笔记本电脑有几个特性不同的存储器（RAM、软驱、硬盘、CD-ROM），人脑也有几个功能不同的存储器。短时记忆允许我们快速地重复一个随机的字母或数字序列，但通常限于大约 7 个数目以内。因此，如果你拨一个刚刚从电话本上读到的 11 位号码时，你会常常发现没有全部记住，在人类做数学时也有同样的后果。如果一个问题的解决依赖于（比如说）10 个现成的数据，则有必要将这些数据放入长时记忆（即需要特别留意），或者将数据记录在一张纸上，创建一个外部存储。笔记本电脑中与短时记忆对应的是 8 M 或 16 M 的随机存取存储器（RAM）。存储器的大小对笔记本功能的影响是巨大的。如果自然选择偏爱直接记住电话号码的话，我们将有一个更好的短时记忆。我们的长时记忆更令人满意，但如果你的大脑要将整整 500 M 数据无差错地存储在一个像 CD-ROM（一种光盘，可以保存 4 600 万字的大英百科全书，而且仍有剩余空间放一些其他东西）那么小的空间，那是不可能的。

三、对规律性的探求

一个 10 位的数可能很难记住，但是记 9 876 543 210 我们没有任何困难，因为它只是"将 0～9 这 10 个数字倒着写一遍"，3 141 592 653 也很简单，因为它是"圆周率 π 的前几位数字"。用同样的方式我们发现电话号码中隐藏的规律，如果面对一堵有裂缝的墙，我们会将裂缝理解为是人的轮廓。总之，似乎为了弥补人类头脑的不足，如糟糕的记忆，我们探求"秩序"或"意义"经常到了荒谬的境地。锲而不舍地探寻规律无疑是人类智力，尤其是人类数学天赋的基础。

四、可视化的重要性

进化使得视觉系统越来越重要，它占据了我们大脑的很大一部分。大部分数学家为在他们的数学工作中能利用视觉直觉而高兴。举个例子，如果能够几何化一个理论，依据点、空间、拓扑等来理解它的概念，将被视为一个成功。然而也有非视觉的数学家。比如，施瓦茨就声称他完全没有几何直觉。虽然这令他的一些同事难以置信，但必须承认，在数学中使用几何直觉没有逻辑的必然性，而且在结果的形式表达中往往看不出几何直觉。比起创建一个视觉系统，可能构造一个数学大脑，需要更有效地利用资源。但是系统已经在那了，它一直是人类数学家的巨大优势，而且给予了人类数学特殊的风格。

五、缺少形式的精确性

一个长证明的一步错误足以使这个证明毫无意义。因此能够机械地检查规则是否被遵守似乎对数学是很重要的帮助。我们的计算机很善于做这种机械检查，不会有差错，但是不善于做创造性的数学。相比之下，人脑虽然不善于执行复杂的逻辑任务——这必须被准确无误地执行，然而能做非常困难的数学。人类数学事实上主要在于谈论形式化证明，而不是实际去执行。一个非常有说服力的论证说，某些形式化的文本是存在的，实际上把它们写下来也未尝不可。但事实上我们并没有这么做：这将是艰苦的工作，也是无用的，因为人类大脑并不擅长于检查一个形式化文本是否正确。人类数学是种围绕着不成文的形式化文本的舞蹈，写出来将是不可读的。这可能显得很没有前途，但人类数学实际上有着巨大的成功。

"我很高兴听到人类数学有巨大的成功，"我说，"但是，当我想谈论人类头脑的独特性时，你可能会谈到意识的问题，它对我们似乎是很基本的。"

"意识在人类中是一个颇有争议的话题，"帕拉斯回答，"我不想让我的论点站不住脚。我其实并不认为这个问题有那么重要，但如果你愿意，我们就来谈谈吧。"

六、意识和注意

意识是一个内省的观念，很难用科学的方法来把握。然而它吸引了脑专家的注意（比如参考文献［1］）。意识与注意有关，注意是将智力资源指向具体任务的能力。（注意与执行任务的脑的区域的更大的血液灌流明确相关。）也许意识在一个高并行性的系统如人脑中自然会出现，它需要活动的协调以避免混乱。然而要注意到，许多任务是被无意识地执行的。而在数学工作中需要有意注意则是一个很自然的想法。比如当波利亚在他的书《怎样解题》（见参考文献［7］）描述应该怎样攻克一个数学问题时，用了"理解问题""对数据了然于心"这样的短语，这些绝对没有数学的意义，但反映了有意注意的重要性。然而，一旦问题的所有方面已经通过有意识的学习熟悉了，无意识的数学工作可能扮演着必不可少的角色，像庞加莱①强调的。或许需要有意识的学习来将问题的所有有用的信息放入长时记忆，这样实际找

---

① 见参考文献［6］的第 3 章《数学的创造》。

到解决方案的组合工作就可以被无意识地完成了。

"既然你已经勉强同意了人脑是有一点奇怪的，"帕拉斯说，"我想要你确信我们讨论的这些特性对人类数学的产出会有深刻的影响。"

"我们的一些社会科学家做了相似的论断，大意是，科学理论被社会力量所塑造，当政治权力交接时，今天是正确的东西在明天则可能变成错误的。一个数学文本叙述会像任何其他叙述一样，而文艺评论能够透露真实的社会内容：种族主义、大男子主义，诸如此类。但我们人类数学家对我们的艺术本质有非常不同的观点。我们相信绝对的真理：137 是一个素数，没有社会事件会改变这个事实。我们用泰希米勒空间这个名字来表示一些数学对象，即使泰希米勒②是一个纳粹，而我们大部分人都憎恶纳粹的意识形态。我们可以进入一个政治意识形态被排除在外的概念的世界，这是我们的自豪。你现在是要用另一种相对论来代替社会相对论，因而真理对人类与对银河系里黏糊的章鱼怪物将是不一样的？你是（译者按：这么认为的吧？）……"

此时帕拉斯打断了我："不！不！不！"她说道："逻辑真理是绝对的。它不是由社会环境，或者具有数学能力的银河物种的头脑的特别结构决定的。但是数学风格极大程度上取决于产生它的头脑。我给你一天时间找出这样一个例子，明天解释给我听。"

当然，这样的数学讨论延续了很多天，而且除了谈论数学，我们也做其他的事情。尤其是在六七月，有极好的天气，我们沿着田野和森林长时间地散步。"来自一个先进的文明，"她说，"所有这些毛骨悚然的小爬虫出现在我眼前令我很惊讶，而你却已经司空见惯见怪不怪：蚊子、蜘蛛、蛞蝓，还有那些无时不在的苍蝇，偷吃你的食物并

---

②　泰希米勒（Oswald Teichmüller，1913—1943），德国数学家，虽然他在数学上贡献卓越，但因为参与纳粹组织迫害犹太人而臭名昭著。

在上面排粪。然而我逐渐开始喜欢你们原始文化的这种漠不关心的荒谬，它的艺术，与它古老的科学。我甚至开始享受做一个女性人类……"

"那称为一个女孩，或一个女人。"

"我知道，但是我不喜欢这种带有性别歧视的称谓。"

总之，第二天我给帕拉斯展示了我的家庭作业，实际上是双倍的家庭作业。

七、希腊几何

一个当代的数学家翻阅欧几里得会发现绝对非平凡的理论，即使他们熟知它（遵循帕拉斯的劝告，我不说"他"或"她"）。希腊几何是早期的但在某种意义上是完全现代的数学。它无论如何确实比后来的数学更清楚地显示了产生它的人类大脑的两大特性：

（1）它使用了人类视觉系统，实际上，几何直接来源于视觉经验和直觉。

（2）它使用了外部存储，其形式是以线条和圆组成的图形，点由字母来标记③。

结合这两个把戏能够产生精心的逻辑结构，其中希腊人被理所当然地认为具有这种惊人的智力专长。没有（1）和（2）的帮助的希尔伯特版的欧几里得几何显示了这个学科实际上有多难。

八、简约性

不去问人脑的特征怎样影响了人类的数学，我们可以问什么样的

---

③　看起来希腊几何图形没有被很好地研究（科学史家研究的是文本）。然而见参考文献［4］；感谢林力娜（Karine Chemla）提供这个参考文献以及与她就这一话题的富有启发的谈话。

人有可能做出好的数学。一个多产的艺术家可能是精神失常的或是严重的吸毒者，但是一个职业数学家必须是相对正常的。然而一定程度的偏执是可以接受的，事实上也并不少见。但是，最普遍的特征是具有秩序、简约和顽强的个性特质的一个强迫性格。弗洛伊德解释说，这些特质是儿童性心理发展的所谓肛门性欲期的残留。不管怎么解释，很明显为什么秩序和顽强对科学家一般而言会是一个有利条件。但是简约对人类数学是特别有意义的。我们确实知道，数学证明倾向于很长（这与哥德尔理论有关），而且人类检查正式文本正确性的能力是有限的。因此不得不将证明切成有意义的片段（即对人类数学家容易疲倦的注意力来说有意义）。长证明和短暂注意力之间的折中要求一个不慷慨的、吝啬的态度。当然，很多数学家在社会关系中逐渐变得慷慨，在那里系统的吝啬会造成严重的后果。

帕拉斯在我陈述我的家庭作业时一直保持沉默，在一大张类似于纸的东西上涂鸦。于是我看到，她画了一种章鱼，一个相当仪态高贵的生物，有着高高的额头与闪烁着智慧的眼睛。

"这是银河系里一个黏糊的章鱼怪物，"她说，"注意每个胳膊的 3 个分叉：它有 24 根手指，一个重要的数字。"

我回应说这黏糊的章鱼怪物一定通过数它们的手指和脚趾而发现了算术，正如人类一样。

"我们还是回到你的家庭作业吧。我很高兴你认识到希腊几何是人类数学中最人类的，而且我要说它还是最美的。"关于数学家的心理特质，我不了解弗洛伊德的关于肛门性欲期的想法，我对此事也没有个人的洞察，但我会在我的博士学位论文里提及你的评论。你所说的简约性涉及试图描述人类数学的核心，但并没有解决这个问题。就我关心的问题而言仍然没有解决。

我们在往后的日子里继续我们的讨论，在我们长途散步时。我想让她帮我预测一下人类数学的未来，她很勉强地做了，"不知道，"如她所说，"如果人类接下来几十年仍然存在。"她宁愿去分析能够推动数学进步的力量。这里我要再一次用我自己的语言把我们经过数小时的谈话所达成的初步结论写出来。

九、走向形式化的数学

形式化是数学家的一个伟大梦想。但是他们满足于原则上可以被形式化的数学，以便形式化文本的正确性原则上可以被机械地检查。计算机的进步会在适当的时候导致将人类数学翻译成形式语言的可能性，以至于证明能被机械地检查。比起用计算机产生有趣的原始的数学，这样一个事业似乎要更容易。然而，计算机形式化可能会带来惊喜，像任何数学尝试一样。很有趣地，此时为了使证明长度简短的简约原则可以很大程度上放宽了：用计算机检查一个形式文本是正确的将是极其快速的，而且在证明长度上伸展 10 倍也不会有多大不同。

十、走向直观的数学

我们知道，简单声明的定理可能有非常长的证明，而且我们看到越来越多这样的例子，尤其在代数领域［开始于费特（W. Feit）和汤普森（J. G. Thompson）（见参考文献 ［2］），接着是有限单群的分类］。因此很难排除这种可能，某些非常有趣的结果，本质上在人类大脑的能力范围外，只有借助足够智能的计算机才能得到。然而，只要人类利用他们自己的大脑做数学，一些领域就是享有特权的。举例来说，我们对空间的视觉直觉和对时间的直觉使动力系统理论尤其有吸引力，而且在当代这确实是一个蓬勃发展的研究领域。人类大脑在与物理有关的数学分支上也处于一个有利的地位，不只是出于直觉，也因为物理世界本身提出了大量的事实期望理论化。

十一、走向自然的数学

这里有两个事实：

$$3^2 + 4^2 = 5^2 \qquad (*)$$

$$3^3 + 4^3 + 5^3 = 6^3 \qquad (**)$$

很多事情可以被说成是（*），比如它"意味着"如果一个直角三角形的直角边是 3 和 4，它的斜边是 5。而（**）的含义则很不清楚。事实上，可以争论说很多整数的性质的出现，在某些精确的意义上，是随机的。与这随机性明显矛盾的是，我们看到数学家花大量的精力去把他们所知道的知识组织成整齐的自然结构。使用紧集、群，或函子看起来的确自然，因为在人类数学家的使用中，它使得人类数学是有效的。但是，有多少我们认为自然的由人类头脑的特定结构产生？有多少在某种意义上是普适的？我的银河系朋友对找到一个这些问题的答案不是很有帮助，她发现我"表述得有点不严密"。

在我刚刚报告的与帕拉斯的讨论中，关于形式化、直觉和自然的作用，相比之前的讨论，她发表了较少的挑衅性的言论。我几乎都失望了。

"那么你将我们刚刚讨论的搜集到你对人类数学的研究中去了么？"

"一点也没有。论文完成后我有一个新项目。当我进一步研究后，会和你讨论。"

"那是关于什么的？"

"人类数学中错误与智力困惑的创造性作用。"

"好题目！"

在 8 月的一个晴朗的早晨，我起床时没有看到帕拉斯。隔窗望去，发现她的飞船已经走了。在餐桌上留着一张便条：

致我最喜爱的人类数学家④：

他们很快安排好了我的论文，我必须匆忙离开了。而且，我也有一点想家了，我想暂时离开你的疯狂世界和所有的苍蝇。正如你必定已经猜到的，我其实是银河系里一个黏糊的章鱼怪物，而且我已经有点厌倦了我披着的女性人类的伪装。我现在想要的是，在一小池干净温暖的水中放松一下，吐粉色和蓝色的（正如我们的语言中所说的）泡泡。不过，我的论文一旦通过，我会申请一个旅行补助，回来看你。

再见！

帕拉斯

参考文献：

［1］F. Crick，*The astonishing hypothesis: the scientific search for the soul*，Touchstone，New York，1994.（有中译本，《惊人的假说》，汪云九等译，湖南科学技术出版社，2012 年。）

［2］W. Feit and J. G. Thompson，"Solvability of groups of odd order"，*Pacific J. Math.* **13**（1963），755—1029.

［3］E. R. Kandel，J. H. Schwartz，and Th. M. Jessel，*Essentials of neural*

---

④ 实际上我是一个数学物理学家，我告诉她好多次了。

science and behavior, Appleton and Lange, East Norwalk, CT, 1955. （有影印本，《神经科学精要》，科学出版社，2003 年。）

[4] R. Netz. *The shaping of deduction in Greek mathematics. A study in cognitive history*. Cambridge University Press, 1999.

[5] J. von Neumann. *The computer and the brain*. Yale University Press, New Haven, 1958. （有中译本，《计算机与人脑》，甘子玉译，北京大学出版社，2010 年。）

[6] H. Poincaré. *Science et méthode*. Ernest Flammarion, Pairs, 1908. （有中译本，《科学与方法》，与《科学与假设》《科学的价值》一起收入到合订本《科学的价值》中，李醒民译，光明日报出版社，1998 年。）

[7] G. Pólya. *How to Solve it*, 2nd edition. Princeton University Press, Princeton, 1957 （有中译本，《怎样解题》，涂泓、冯承天译，上海科技教育出版社，2011 年。）

王琳　译

附录二
后人类数学

原文标题 "Post-Human Mathematics"，译自 *arXiv: 1308．4678*。本文是作者 2013 年 4 月 29 日在维也纳庆祝薛定谔数学物理国际研究所（Erwin Schrödinger International Institute for Mathematical Physics，简称 ESI）成立 20 周年举行的会议上的发言的一个略作修改的版本。

摘要　当代数学是人类的构造，虽然计算机在数学中应用得越来越广泛，但是仍然没有扮演创造性的角色。然而，这种状况也许会改变：计算机会变得富有创造性，但它们的运作不同于人类的大脑，因此可能会产生出一种极不相同的数学。我们来讨论后人类数学可能会是什么样的，以及它可能蕴含的哲学影响。

一、活力论简介

本文的目的是，在假设计算机程序已经获得当前所缺乏的数学创造力的前提下，探究未来的数学会是什么样。

然而，我们先来简单地讨论现代生物学和化学中的某个方面——

活力论——是富有教益的。活力论认为生命体包含一种生命要素（活力），而它在非生命体中不存在，因此生物与非生物体遵循极不相同的法则。这是一个古老的思想，但决不可笑，正因为这种思想才有了化学中有机物与无机物之间的区别。伟大的瑞士化学家贝采利乌斯（J. J. Berzelius，1779—1848）曾认为有机化合物包含着一种无机化合物没有的活力。事实上，将无机化合物合成有机化合物一度被认为是几乎不可能的。直到 1828 年韦勒（F. Wöhler）合成尿素，1845 年科尔贝（A. Kolbe）合成醋酸，以及之后出现得越来越多的有机化合物的合成，这个观点才被摒弃。

实验室里的有机物合成与生物体内的有机物合成有着显著的区别，但什么东西可以被合成似乎并不受任何限制。甚至，在实验室里创造生命的可能性已不再是一个禁忌的话题；尽管对于创造什么类型的生命以及什么时候实现仍然有争议。

二、独特的人类智慧

虽然活力论在很大程度上已被科学家摒弃，但有一些关于人类心灵智慧，并与活力论相关联的信念仍然相当流行。许多人当然也包括一些备受尊敬的科学家，确信人类的大脑是唯一具有创造能力的，这种能力是动物和计算机所无法复制的。我们暂且不将动物列入我们讨论的范围，集中精力来讨论创造力的一个方面：数学创造力。我看到了支持人类数学创造力的唯一性的两个论断。第一个论断说，我们有一种能够思考（目前情况下是思考数学）的内省感觉，而不认为计算机能够思考，因为计算机只是机器。第二个论断说，我们缺少严格的例子来说明计算机具有数学创造力。让我们现在就来讨论并质疑这两个论断。

1. 计算机能思考吗

下文中提到的计算机，我总是指硬件加软件，即一台可以运行某个合适程序的计算机。图灵（见参考文献［8］）已经考虑过人能够思考而计算机不能思考的这种感觉了。他讨论了人能够通过而计算机不能通过的测试的可能性。但现今达成的共识是，这样的测试不能设计出来。因此，在只有我们能够思考的这种自我感觉基础上展开对智能的讨论，并不是很有趣的。然而我们可以说，如果现在或者将来计算机能够思考，它们的思考必定与我们思考的截然不同：这个问题可以客观地分析，冯·诺伊曼在他著名的小书《计算机与人脑》（见参考文献［4］）中已经论述过。计算机和人脑都是信息处理系统，冯·诺伊曼从细节方面比较得出它们的功能大不相同。人脑速度慢、易出错、存储有限并且非常高度并行化（相互连接的多通道系统）。相反，计算机速度快、可靠、存储大并且通常不是非常高度并行化。因而可以料想，计算机智能（如果它存在）与人类智能非常不同。

计算机和人类有着不同种类的记忆，在短时间内对数字字符串的记忆，计算机要远远胜于人类（人类只能记住 7 位以内的数字）。但是我们的大脑也能保存长达一生的长时记忆，并且这在数量上显然是没有限制的。相反，早期的计算机在这方面做得不好，但是这种状况已发生改变：计算机在翻译功能上取得的巨大进展展示了它们有稳定的能力去掌握庞大的词汇库，这些词汇库与人类的自然语言相对应。

在日常生活中，我们不得不频繁地与计算机程序打交道，这势必影响了我们对它们智能的看法。当我使用谷歌的时候，总有一种在未知的某个地方存在着一个庞大智能的感觉。（这是因为谷歌具有快速且数据庞大的智能存取系统。）相反地，当我向科技期刊投稿而不得不在网上与编辑程序死磨硬泡时，我深信我所面对的是一些邪恶的、无智能的东西。你们知道事情是怎么样的：就好比要求你输入祖母贞洁的数字认证，或者诸如此类的废话。无论你的回答如何，愚笨的机器的反应都是：认证失败，请重试。让我们克制住这种经历所带来的愤怒，继续心平气和地讨论。

此刻我们的结论是，我们不能排除计算机能思考的可能性。一旦计算机能思考是可能的，它将会以一种非常不同于人类的方式。这种情况与有机化学的合成有点类似：有机化合物的人工合成绝不是不可能的，但它的实现通常与有机生物体中的化学合成完全不同。

2. 计算机可能具有数学创造力吗

我们现在来讨论第二个观点：目前计算机缺乏数学创造力。计算机在数学中已经占据了相当重要的位置。只需要想想伟人黎曼通过数值计算来验证一些数学想法；虽然他现在的一些同行以类似的方法去工作，但他们在做计算时通常用计算机而不是徒手算。计算机也作为一种基本的方式，对一些严谨结论的部分提供证明：比如它们会完成一些超出人类能力范围的、非常烦琐的逻辑和数值的任务。[阿佩尔和哈肯（见参考文献［1］）证明的四色定理就是这样的一个例子]。我还要提到，用威尔夫-蔡尔伯格（Wilf-Zeilberger）配对（见参考文献［5］）创造关于超几何函数新的恒等式，已经让计算机得到了某种明确的数学创造力。

然而，目前计算机最接近于真正做数学是在计算机验证证明（所谓的形式证明）。简而言之，人类数学家要将一个结论（比如素数定理）的证明转换为一系列用形式语言描述的引理，而把推导引理是正确的（非平凡）证明任务留给了计算机。关于细节，我们推荐黑尔斯的文章（见参考文献［2］）以及近期《美国数学会通讯》（*Notices of the American Mathematical Society*，2008 年 12 月，第 55 卷）特刊关于这个主题的论文。这里我仅做几点评论：

（1）对于诸如素数定理的许多的非平凡定理，存在着计算机辅助证明。

（2）计算机辅助的形式证明比人工证明可靠得多，人工证明总是或多或少夹杂着一些不太精确的表述，有时还存在大的错误（这也是今天在长证明过程中需要关注的主要问题）。

（3）部分计算机辅助的形式证明（使用计算机程序对引理的证明）已脱离了人意识上的直觉：这些证明已不再完全的是人工的了。

（4）尽管如此，在计算机辅助的证明中，计算机的创造性角色还是极小的，这种创造力仅限于在引理的证明中按人们事先编好的程序去进行组合搜索。

三、数学创造力是什么

这里不是诗情画意地一般化地描述创造力的地方。不过我想看到对数学而言创造力意味着什么，人类是怎样实现它，它如何可能有非人工智能的实现。

我们很容易假定已经接受那些最基础的数学：逻辑演绎的法则和基本公理。这些公理也许是集合论中的策梅洛-弗伦克尔选择公理，也许是类似于计算机辅助证明程序中的执行命令。简单地说，我们假定人类和计算机都已经接受了一个共同的数学基础。那么做数学就是基于公理、用已接受的逻辑法则去发现和证明定理。

这样的话在做数学方面就有了对人和计算机都适用的制约：一个简短公式定理的证明也许会有一个极其繁长的证明过程。哥德尔指出，这个事实有着逻辑上的根源，与不完备性定理有关。

正如我们已经看到的，人的大脑存储有限并且迟钝、易出错。因此，人类的一个数学文本由不同的微小单元（短短几行，而计算机则能处理 10^5 页）组成。获得这些微单元最好的方式就是在做数学陈述之前给出可被得到认同的定义（例如紧群和复数的定义）。

我们再重复一遍：人类做数学的方式是写一段数学的文本，它由一些可能是定义和定理的短小片段构成。通常文本中有一个主要定理，它有一个很长的证明，由一连串的定义和引理（引理是一些可以从我们已知结果中容易推导出的小定理）组成。

数学家阿达马和庞加莱曾表明，做数学其实就是一个整合的过程，将细小的片段拼接在一起得到一个有趣的定理。在猜测一个有趣的定理和拼接证明片段的过程中，会涉及许许多多的选择，通常我们以一些已发表的文献的结果作为背景知识来指导我们的选择，这些文献的理论思想有的清晰有的模糊。文献的数量与日俱增，而理论思想（它定义了什么样的定理是有趣的）的背景知识也发生着变化。例如数学家被数学的自然结构所引导；布尔巴基对这个观点做过精确的阐述，或者后来已经体现在范畴和函子的理论中。目前结构理论在数学的某些领域起着主要作用，某些问题由于结构原因而变得自然，并得到系统的探寻和研究。不太精确的理论思想包含类比，例如 C^*-代数的理论与紧致空间的理论之间的类比（该类比源于以下事实：交换 C^*-代数恰恰是紧致空间上的复值连续函数的代数——但这并没有说清楚如何执行将交换情形推广到非交换情形）。

小结：数学研究可以看作一系列的猜测和例行验证。猜测受时间演化的理论思想的引导。对这些问题更详细的讨论，参见我的书《数学与人类思维》（见参考文献 [6]）。

以上是对人类数学的描述。就计算机辅助的数学（形式证明）而言，猜测的一部分为人类完成，但是例行验证是计算机完成，并且涉及非平凡的整合，即做出许多低水平的猜测。基于那些不容易进行形式化以使其可以系统使用的理论思想，人类创造性所保留的是许多更高水平的猜测。

四、数学创造力的极限

做数学的能力是人脑进化史上的一个新进展。数学的能力与语言的获得息息相关，这一点并未得到很好的理解。说话的能力很显然通过进化而得到加强，同样的论断对从 1 数到 10 的能力也成立。但做高等数学（比如伽罗瓦理论的研究）就应另当别论了，而大多数人并不具备这种能力。让我想到了最伟大的数学家的成就之间最大的差别：如果有人试着定量地评价黎曼、哥德尔或者格罗滕迪克对数学的贡献，他肯定会说他们的贡献比"普通"的高水平数学家伟大 10～100 倍。换句话说，上面所提到的"伟大"的数学家所做的贡献相当于 10～100 个（比如说法国或美国）院士所做的贡献。我相信大多数的数学同仁都同意这种定量的评价（尽管未必完全赞同）。这跟百米赛跑中最优秀的赛跑者成绩都非常接近的情况截然不同。为了了解差异，有人求助于自然选择，很显然做数学与赛跑是全然不同的，但自然选择的观点非常复杂①，我们在这里只点到为止。

顺便注意到，那些伟大的数学家都是做出了一些新东西的人，而不是只擅长做之前已经有人做过的事情。因此，我们认为伟大的数学家彼此之间有很大的不同，在处理问题时用不同的方式。的确如此：例如，黎曼的所有工作可以囊括在一本小书中，而格罗滕迪克的工作则占据了几千页的篇幅。不管人们以哪种方式看待事物，伟大的数学

---

① 感谢科恩（Henri Korn）与我讨论这一点。

家总是会以不同于他人的方式②：他们并不会扎堆要突破数学中人们已经能做到的一些自然极限。我们之前就看到，通过人脑结构和演绎逻辑强加于人类的创造力是有限的，但是现在也出现了数学家个人能力并不接近于万有极限。对人类数学成就加以限制的困难表明，一旦计算机开始具有创造力，对计算机的数学成就加以限制也很困难。

五、后人类数学

我已经从人脑的生物进化的观点指出，用人工智能来做数学是一种最新的进展。我发现让人难以置信的一点是，这个新进展已经创造出如此独特的东西以至于它不能被计算机模拟。我想数学创造力的当前情况就好比是之前韦勒的有机物的合成：这只是进化过程中的一个阶段，还会有后期阶段。从而一个大问题是：什么样的数学可以通过人工数学创造力而产生呢？如果我们拥有一台计算机，它能够检索一些数学文献，能够执行常规的证明，而且也在事先掌握了一些正确的理论背景的前提下能够做出人工智能的猜想，那会是怎么样的呢？如果它发展了自身的理论背景又会如何呢？

这里让我中断一下，说几句心理学的题外话。我不是渴望看到计算机能代替人类数学，果真如此的话，在某些方面这是一件令人伤心的事情，但是我不想对这种可能性视而不见。想一想工业有机合成已经对人类产生了巨大影响，其中一些是良好的，一些是恐怖的。但是很显然没有任何办法再回到韦勒之前的时代了。同样地，数学很可能很迅速迈入一个崭新的时代，我们可以猜测这会将我们引向何处。

如果我们假定计算机已经被教会去进行数学创造，可以想见计算

---

② 人们智力上的多样性当然不限于数学家。一些自闭症人群为洞悉非正常的智力能力提供了一瞥，见参考文献 [7]。

机会在博弈中击败人类的数学家。这意味着它能够给出一些让人类数学家明白甚至钦佩的猜想的证明或者有趣的新定理。但更有可能的是，一旦计算机具有创造力，它们做事情将和人类完全不同。这里有几种可能。

（1）计算机证明了一个非常有趣的结果，但是这个证明过程对人类来说无法理解，因为这些证明利用了形式语言的长期发展，而这些语言不能相当简洁地翻译成人类所熟知的语言（阿佩尔-哈肯的四色定理的证明，或者利用形式证明的计算机验证都是这样的例子）。

（2）计算机能够证明一个重要的定理，但是它的陈述人类无法理解（同样是因为它不能相当简洁地翻译成人类数学语言）。计算机很可能说服我们这是一个重要的定理，因为这个定理隐含了若干个我们可以理解的有趣猜想。然而，我们的大脑却不能够理解定理本身。

以上两种可能性引发了关于数学本质的重要问题。我们今天所看到的数学是一幅相当合理的结构化景观，它包含着一些大领域，如像代数几何、微分动力系统和素数定理等一些重要的定理。这幅结构化的数学景观与人脑潜力息息相关。在数学中，存在一个独立于人脑的结构吗？计算机能够发展成一个类似于我们已熟知的新的数学景观吗？为了讨论这些问题，我们应该记得一个简短表述的定理很可能有一个极其长的证明过程这个逻辑事实。为了以最经济的方式发展数学，有人避免去重复那些类似又繁长的证明，而代之以使用我们已知的结果通过相对简短的证明尝试获得新的结果。因此人类发展数学的方式产生了一个与"可理解的"证明（不能太长，同时也不能过于形式化）相关联的结果网络。这个网络不断地被人类数学修订和改进着，目的是为了"揭示潜在的自然结构"。这就是我们已知的人类数学结构景观是如何获得的。正如我们所指出的，在结构景观背后存在一个逻辑原因，但同样也存在着人类独特的缘由（虽然不能详尽分析，但简而言之：人脑喜欢表述简洁的、"可理解的"并且"有趣的"论证）。在创造我们已知的结构化数学景观时，我们认为逻辑因素胜过人类本身的特异性吗？

我担心我们必须得考虑另外一种可能性：也许计算机会发展到具有能够迅速回答我们所问问题的数学能力，但是也许它们这种迅速的思考方式没有人们所认为的结构基础。如果这发生了，我们人类智慧的优越感将受到极大的挑战：我们看智能计算机做数学，就恰如黑猩猩观看人类科学家在阅读关于伽罗瓦理论的书籍③。

许多数学爱好者的直觉是不相信我所谓的黑猩猩类比，就像贝采利乌斯不能相信有机化合物能在实验室里被合成。为了超越本能的反映，我乐意将数学与音乐进行比较。数学家通常喜欢音乐，数学和音乐这两者都拥有着和谐、优美和对无限的感觉。分数还被用来（近似地）描述音程，但这只是一个有些局限的联系。事实上，虽然数学和音乐在概念上是两种极不相同的东西，但重要的是它们都能唤起相似的美学反应，也许是因为它们都涉及大脑的相关活动。这里我们必须记住数学具有两面性：一方面是非人类的逻辑必然性，另一方面是人脑的活跃性。非人类的逻辑与音乐关系不大，但对计算机来说是非常有用的。作为人脑的一项活动，数学与人脑的其他活动相关，并且似乎与音乐有着特别的关联。由于计算机的介入，数学的人类特性与非人类属性之间的相互作用已经被修改。这种修改后的相互作用近年来如何发展，将会吸引人们的注意。

普罗泰戈拉（Protagoras，公元前 490—前 420）曾说过："人是

---

③　在这方面，埃克曼（J. -P. Eckmann）提醒我霍伊尔（F. Hoyle）的小说《黑云》（见参考文献［3］），它构想了人类与一种高等智能的接触。

万物的尺度：存在时万物存在，不存在时万物不存在。"这在从以下角度来讲对于我们仍然是正确的：即我们知晓的一切事物是通过我们自己的人脑为我们所认知的。即使当代我们所理解的我们生活的地球不过是物质世界中的极小粒的尘埃，这仍然是正确的。即使未来我们发现人类数学与计算机数学相比相形见绌和低级，这仍将是正确的。

参考文献：

［1］K. Appel and W. Haken. *Every Planar Map is Four-Colorable*. AMS，Providence，1989.

［2］T. C. Hales. "Formal proof"，AMS Notices **55**（2008），1370—1380.

［3］F. Hoyle. *The Black Cloud*，William Heinemann. London，1957.（有中译本，《黑云》，连载于《知识就是力量》杂志，未正式成书出版。）

［4］J. von Neumann. *The Computer and the Brain*. Yale University Press，New Haven，1958.（有中译本，《计算机与人脑》，甘子玉译，北京大学出版社，2010 年。）

［5］M. Petkovsek，H. Wilf，and D. Zeilberger. $A = B$. A K Peters，1996. D. Zeilberger 的个人主页上可免费下载电子版：http：//www. math. upenn. edu/～wilf/AeqB. pdf.

［6］即本书.

［7］D. Tammet. *Born on a Blue Day*. Hodder and Stoughton，London，2006.（有中译本，《星期三是蓝色的》，欧冶译，万卷出版公司，2011 年。）

［8］A. Turing. "Computing machinery and intelligence". Mind **59**（1950），433—460.

雷艳萍　译

译后记

本书作者大卫·吕埃勒（David Ruelle）1935年出生于比利时，1959年（24岁）获博士学位，之后分别在瑞士联邦理工学院和美国普林斯顿高等研究院做了两年访问学者，1964年成为法国高等科学研究所（IHÉS）的教授，直至2000年退休。自2000年起，为IHÉS名誉教授及美国罗格斯大学的杰出访问教授。

吕埃勒的研究领域是统计物理和动力系统，他个人主页（http：//www.ihes.fr/~ruelle/）上公布的论文就有160多篇，其中有些已成为经典。由于其杰出贡献，在2006年的世界数学物理学家大会上，吕埃勒获得了该领域的最高奖——国际数学物理协会颁发的庞加莱奖（Henri Poincaré Prize）。

吕埃勒出版学术专著六部、科普著作两本，分别是普林斯顿大学出版社1991年出版的 *Chance and Chaos* 与2007年出版的 *The Mathematician's Brain*。前者的中译本《机遇与混沌》已由上海世纪出版集团于2005年出版，而后者的中译本正是本书。在中译本出现之前，已经有了法、德、口译本。

自出版以后，本书颇受好评。例如，当代著名数学家阿蒂亚（M. Atiyah）曾撰文评介该书（连同其他两本类似主题的书），说它"展现了处于活跃研究中的数学家的真实形象"。其中译文《数学家的想法》可见《数学文化》2015 年（第 6 卷）第 1 期。

吕埃勒的前一本通俗著作《机遇与混沌》侧重作者所研究的混沌这一专业领域的历史方面的知识，从统计力学、概率论、混沌力学到量子力学、博弈论、算法，均有涉及。而在本书中，作者将重点放在与读者分享他本人和诸多同事对数学的一般看法，将话题转向了更为宽广深刻的数学研究活动。事实上，本书还有一个副标题：数学本质及其背后的伟大思想的个人之旅（A Personal Tour Through the Essentials of Mathematics and Some of the Great Minds Behind Them）。

与《机遇与混沌》浮光掠影的泛泛而谈相比，本书最大的不同就是对读者提出了充分独立思考的要求。日文版译者富永星在后记中曾妙语点评道："如果说《机遇与混沌》是带着读者闲庭信步，那么《数学与人类思维》则是引领着读者去翻山越岭。"《数学与人类思维》之所以对读者提出了更高的要求，正是因为作者强调的是数学中一般化的思想观念——他要让读者理解数学家究竟如何思考，因而即便是向读者介绍具体的数学成果，其重点也在阐释其背后的思想与观念。

也许是受他在 IHÉS 的杰出同事格罗滕迪克（A. Grothendieck）的影响，作者在本书中特别强调了为格罗滕迪克本人运用得炉火纯青的数学结构的思想。例如，在第 4 章，他以亲身经历告诉我们一个重要教训：在看到一个几何命题（那里就是蝴蝶定理）时，重要的是首先要搞清楚这个命题究竟是属于哪一种几何。可能有读者会疑惑：难道有多种不同的几何？的确如此。吕埃勒在第 3 章论述了历史上首先强调了结构（具体就是几何结构）之重要性的埃朗根纲领（1872 年），据此就有了各种各样的几何，如欧氏几何、仿射几何与射影几何等（更不用说爱因斯坦的相对论所用到的非欧几何了）。吕埃勒指出，第一眼看上去好像是属于欧氏几何的蝴蝶定理，其实更自然的舞台是射影几何！

不过本书最吸引我的一章，要属第 17 章所介绍的杨振宁-李政道单位圆定理。这是杨振宁在 1951 年与李政道关于统计力学的合作研究中发现的一个漂亮结果。杨先生曾不止一次地流露出他对这个结果的得意之情，例如在 1983 年出版的《杨振宁论文选集附评注》中，他回顾道（也见于杨振宁《六十八年心路：1945—2012》第 31—32 页）：

> 证明这个猜想（即后来的单位圆定理）的尝试，对我们来说是一场苦战。我曾在 1969 年 9 月 30 日写给卡兹［M. Kac，当时他正在编辑玻利亚（G. Pólya）的论文集］的一封信里述说过这一点，兹摘引该信如下：
>
> 随后，基于耦合强度改变时没有重根这一点，我们做了一种物理学家式的"证明"。我们很快就认识到，这种做法是不正确的，至少在六个星期的时间里，我们都在为试图证明这个猜想的徒劳无功而感到沮丧。我记得，我们查阅了哈代（G. H. Hardy）的《不等式》一书，还与冯·诺伊曼（J. von Neumann）和塞尔伯格（A. Selberg）做了讨论。当然，我还一直与您保持联系，我愉快地记得，您后来把温

特勒（A. Wintner）的工作介绍给我们，我们在论文中曾对您的帮助表示感谢。我记得在 12 月初，您把所有耦合强度都相同这种特殊情形下的证明告知我们。这个证明正是您现在所写的与玻利亚的工作相关的那部分。您的证明很巧妙，但是我们不满足于这种特殊情形下的结果，一心想要解决普遍情形下的问题。尔后，12 月 20 日左右的一个晚上，我在家里工作，突然领悟到，如果使 z_1, z_2, z_3 等成为独立变量并研究它们相对于单位圆周的运动，就可以利用归纳法并通过类似于您所用的那种推理得到完整的证明。一旦有了这个想法，只需用几分钟就可以把论证的所有细节写出来。

第二天早上，我开车同李政道去弄圣诞树，在车上我把这个证明告诉了他。稍晚些时候，我们到了高等研究所。我记得，我在黑板上给您讲述了这个方法。

这一切我都记得很清楚，因为我对这个猜想及其证明感到很得意。虽然说这算不上什么伟大的贡献，但是我满心欢喜地视之为一件小小的杰作。

我第一次读到这段话是十年前，那时我还是天津大学数学系的本科生。自那一刻起，我就一直期盼着有一天能领略到这个单位圆定理的美妙。真没想到，十年后我欣喜地发现，这个定理被写入这本通俗的数学书。正是这种激动与喜悦，引发我鼓动好友王兢与张海涛一起合作，翻译吕埃勒的这本 *The Mathematician's Brain*。

本书思想丰富，行文简明，读来饶有趣味。译者在阅读理解时也颇有收获。为帮助读者更好地理解内容，在作者的慨允下，译者适当补充了一些注记。例如，在第 7 章我们交代了晚年归隐的格罗滕迪克已于 2014 年去世；在第 13 章我们补充了华裔数学家张益唐于 2013 年在孪生素数猜想方面的突破性进展；在第 15 章又针对作者提及的患有自闭症或精神病的数学家添加了纳什（J. Nash）的例子；在第 15 章与读者分享了生前被不公正对待的图灵（A. Turing）最近被英国女王伊丽莎白二世平反赦免的消息；在第 16 章特别补充了一些讨论"数学创造"的经典文献；在第 17 章则补充了杨振宁先生在 2009 年与复旦大学物理系教员的座谈会上对单位圆定理的评述；在第 18 章鉴于作者对中国数学家在计算机证明方面工作的忽略，我们注明了吴文俊关于机器证明和数学机械化的杰出贡献。

全书正文共 23 章，中央民族大学数学系的王兢老师翻译了第 3、8、10、11、13、14 章，而目前就读于东南大学的张海涛博士翻译了第 1、2、4、5、6、9 章，笔者翻译了其他 11 章，并负责统稿。除了译者之间的交叉校对外，我们还专门请了两位朋友校对，分别是中国民航大学数学系的张雅轩老师和首都师范大学数学系毕业的硕士生姚笑飞（他参考了日译本）。

我们的分工大致是根据全书的结构而划分的。为了便于读者迅速把握本书内容，这里简单介绍一下全书的框架。前 8 章是导入部分，作者通过举例说明的方式，阐述了数学的两个特征方面：① 从公理出发用逻辑推理的方式依次演绎出各种命题的"形式"方面；② 以探究更加深刻的数学结构为目标的"结构"方面。此部分内容对有一定数学基础的读者来说并非什么新鲜内容。但在例证的选择上，作者下了很大功夫，例如前面提到的蝴蝶定理。而从第 9 章开始，作者通过"计算机与人脑""数学文本""荣誉""错误""数学创造的策略""数学之美妙"等话题，探究了关于人脑与数学的种种关系。这部分内容并不要求读者懂多少数学，即便是涉及具体的数学细节，作者也只是点到为止。

需要指出的是，由于全书翻译是分工完成，虽然最后有专门统稿，但风格上难免不太一致。甚至有时出现了这样的情况，对同一个词，我们的翻译都不一样。例如，同一个词 statement 在不同的地方分别被翻译为"陈述""叙述"和"断言"。即便我作为统稿人可以说是具有"一票否决权"，但我其实也拿不定主意究竟如何取舍。好在这三个中文词的意思相去不远。本着对读者负责的态度，我们指出，在互联网上可以找到英文原版的 *The Mathematician's Brain*（见http：//www. math. harvard. edu/～knill/teaching/mathe 320_ 2014/blog/butterfly. pdf）。读者如果发现中译文不好理解，可对照原文。

征得作者同意，中译本还特地收入了他本人的两篇有趣的相关通俗数学文章的中译文作为附录。这两个附录的译者分别是北京大学数学院毕业的博士王琳与首都师范大学数学院硕士毕业的雷艳萍。

从筹划翻译到本书的出版，译者得到许多朋友的支持与鼓励，在此，我们要特别感谢几位"贵人"。

首先要感谢作者吕埃勒，他不仅耐心地解答了译者在翻译过程中遇到的问题，还给我们提供了书中插图的 tex 源文件，以及他参照德文版本译者反馈意见得到的修订版书稿。他还特地为中译本作了序，提供了他的近照。

其次我们要感谢香港中文大学翻译系的童元方教授与浙江大学数学系的蔡天新教授。就本书中涉及诗歌与写作方面的问题，童元方教授与蔡天新教授在回函中，与译者分享了他们的见解，并慨允我们引用其回复（分别见第 10、16 章）。

最后我们要感谢华东师范大学数学系的张奠宙教授与王善平教授，正是他们两位向上海科学技术出版社强力推荐，才使得本书以及之前翻译的《当代大数学家画传》有机会出版。

我们完全相信，本书会令各位数学爱好者耳目一新。非常期待各位读者与我们分享感悟与收获，并提出宝贵的意见和建议。我的邮箱是 linkailiang@nwsuaf. edu. cn。

林开亮

2015 年 6 月 19 日

于西北农林科技大学理学院

索 引

图书在版编目(CIP)数据

数学与人类思维/(法)吕埃勒(Ruelle, D.)著；
林开亮等译.—上海：上海科学技术出版社,2015.8(2021.10重印)
（世纪人文系列丛书）
ISBN 978-7-5478-2719-2

Ⅰ.①数… Ⅱ.①吕… ②林… Ⅲ.①数学-普及读
物 Ⅳ.①01-49

中国版本图书馆 CIP 数据核字(2015)第 149873 号

THE MATHEMATICIAN'S BRAIN by David Ruelle

Copyright © 2007 Princeton University Press

All rights reserved. No part of this book may be reproduced or transmitted in any form or by any means, electronic or mechanical, including photocopying, recording or by any information storage and retrieval system, without permission in writing from the Publisher.

责任编辑　田廷彦　李　艳

数学与人类思维

[法] 大卫·吕埃勒　著

林开亮　王　竞　张海涛　译

出　　版　世纪出版集团　上海科学技术出版社
　　　　　（200235　上海钦州南路 71 号　www.ewen.co　www.sstp.cn）
发　　行　上海世纪出版集团发行中心
印　　刷　上海商务联西印刷有限公司
开　　本　635×965 mm　1/16
印　　张　13.75
字　　数　160 000
版　　次　2015 年 8 月第 1 版
印　　次　2021 年 10 月第 5 次印刷
ISBN 978-7-5478-2719-2/O·52
定　　价　38.00 元